写真・図解でプロが教えるテクニック

正しい工具の揃え方・使い方

堀田源治

日本能率協会マネジメントセンター

はじめに

　「道具は知恵者を選ぶ」というのは古来からの諺です。新入社員として配属された工場の職場長から「工具は手先と同じで、1本の工具でも器用に使えばほとんどの工作はできるが、不器用な使い方では数多くの工具が必要となる。工具がなくては仕事はできないが、工具があっても仕事ができない人もいる。この分かれ目は、使い手に知恵があるかないかであり、知恵のある工具の使い方を覚えることだ」と言われたことをいまだ覚えています。同様の経験をした人も多いことでしょう。今になって思えば「知恵」とは工夫だけでなく、工具使いの原理・原則を知ることでもあると考えられます。

　工具はどの職場にも数多くありますが、意外に「使えない」「使いたいときにない」「いつでも見るが、使ったことがない」などと感じる人も多いはずです。工具は、なくても困りますが、多すぎても困ります。技量が同じならば、作業の可否や善し悪しは工具で決まります。工具は宝。ところが、それだけに余計に揃えてしまいがちで、宝の持ち腐れとなる場合もあります。諺のとおり「賢く選び、上手く使う」ことによって「最少の工具で最大の効果を生む」、これが工具の揃え方の極意です。

　では、どうすればよいのでしょうか。この回答の1つとして、PDCAサイクルを活用した工具の揃え方があります。これは本書のもっとも大きな特徴です。従来からとくに指針や基準が見られなかった工具の揃え方に、PDCAサイクルによる管理手法を応用することで、道筋だった工具揃えを図ろうというものです。PとはPlan（計画）で、作業目的に沿った工具を予想します。DはDo（実行）で、予想した工具の機種選定を行います。CはCheck（確認）で、選定工具の妥当性について評価します。最後のAはAction（改善）で、工具や揃え方についてさらに改善を加えます。言い換えれば、P：選び方を考える、D：原理を考える、C：使い方を考える、A：より良い工夫を考えることになります

　本書では、第1～第3章までPDCAサイクルの原理を貫流させており、最終ページまでを鳥瞰することで、読者がPDCAサイクルによる工具選びを理解できるように工夫しています。また、本書における工具選びの説明は、次の順序になっています。第1章はPDCAサイクルのPにあたり、PDCAサイクルによる工具選びに

はじめに

ついて全般的な解説と実例を紹介します。第2章はDoとCheckにあたり、工具の原理、使い方の原理を説明します。また、第3章はAにあたり、工具の正しい使い方や誤った使い方について説明します。

　本書を手にされている皆さんは、何がしかの工具に関する悩みをお持ちであると思います。後述する「本書の特徴と使い方」をお読みいただき、工具揃えのPDCAサイクルについて理解された後、お持ちの課題に少しずつでも適用を考えて実践を重ねていただければ、工具のエキスパートとなることは遠いことではないと信じて止みません。

2016年12月
堀田源治

本書の特徴と使い方

　工具に関する書籍は多いのですが、主に工具の種類や使い方に始終しており、揃え方に着目したものは見当たりません。これは、工具の揃え方を知るには、工具の原理、使い方の原理、揃え方の原理の3原理が必要であり、そのためには、力学や機構学に言及する必要があるためと考えられます。一方、読者からも便利帳程度の解説ではなく、企業の新人教育やOJT用の教材、工学系高等教育機関で使用する教科書としての工具の本についての要望があったこともあり、今回本書の出版を企画しました。

本書の特徴

①工具の紹介よりも「なぜその工具なのか」が理解できるように、原理・原則の解説を入れた

②マネジメント手法であるPDCAサイクルを工具に活用することで、工具の揃え方に根拠を示せるよう工夫した

③工具の原理や使い方の原理には力学法則や機構学の要素を入れて、平易に解説することで、工具の動きに関する物理現象を理解して工具の使い方の応用が広がるように記述した。また、本書によって基礎的な力学原理も合わせて学べるようにした

④一般的に知られていても、実は効率が悪く危険な使い方をしている例も多く、読者の直感的な気付きが得られるように、作業姿勢を写真で示した

⑤有明工業高等専門学校の教育研究技術支援センター実習工場において、実際に使用されている工具を使って、学生に機械工作実習を実施している技術職員が写真で説明することで、「正しい使い方」「正しい姿勢」「正しい効果の出し方」の指導書や教科書となるようにした

本書の使い方の例

①2部、3章構成となっており、どの章から読み始めても、また必要な章だけを教材として使っても効果があるように、それぞれの章は独立性が高いものとした

②企業での改善の事例集として第1、第3章をケーススタディとして使い、その解答のヒントとして第2章を使うことも可能である

③工具に関する改善事例は非常に少なく画一的なものが多いので、本書を新しい発想や創造のヒントにすることで実務にも役に立てることが可能である

写真・図解でプロが教えるテクニック
正しい工具の揃え方・使い方

第1部 ▶ 正しい工具の揃え方

第1章 工具の揃え方PDCA

1 PDCAで工具を選ぶ・工具を減らす（意識されにくいムリ、ムラ、ムダ）

- ❶ 工具選びのPDCA …………………………………………………………… 014
- ❷ P：工具の予想（作業のブレイクダウンから必要工具を予想する）………… 016
- ❸ D：工具の選定（作業品質から必要工具を絞り込む）……………………… 018
- ❹ C：工具の評価（実作業から工具の必要性を確認する）…………………… 019
- ❺ A：工具の改善（工具の評価をもとに改善を実施）………………………… 020
  - 1　管理方法の改善 ………………………………………………………… 020
  - 2　作業方法の改善 ………………………………………………………… 021

2 工具の揃え方PDCAの実践例（他社を知り、己を知る）

- ❶ P：工具の予想（作業のブレイクダウンから必要工具を予想する）………… 022
  - 【事例1】たくさんあるが使えるものはない
- ❷ D：工具の選定（作業品質から必要工具を絞り込む）……………………… 025
  - 【事例2】仕事は増えたが、クレームも増えた
- ❸ C：工具の評価（実作業から工具の必要性を確認する）…………………… 028
  - 【事例3】いつもあると思うな、工具とお金
- ❹ A：工具の改善（工具の評価をもとに改善を実施）………………………… 032
  - 【事例4】備えあれば憂いなし。しかし金もなし

3 工具を整理・分類する（まず工具をよく知ることから）

- ❶ 工具の機能別分類 …………………………………………………………… 035
- ❷ 汎用工具と専用工具 ………………………………………………………… 036
  - 1　汎用と専用 ……………………………………………………………… 036
  - 2　使用頻度 ………………………………………………………………… 037
- ❸ 単能工具と多能工具 ………………………………………………………… 040

目次

第2部 ▶ 正しい工具の使い方

第2章　工具の原理と使い方

1 主な工具と作業の原理（工具の作業効率と強度・破壊）

- ❶ 締付け工具と作業効率 …………………………………………………… 046
  - 1　ドライバ ………………………………………………………………… 046
  - 2　スパナ …………………………………………………………………… 048
- ❷ 切断工具と作業効率 ……………………………………………………… 050
  - 1　ボルトクリッパ ………………………………………………………… 050
- ❸ 把握工具と作業効率 ……………………………………………………… 052
  - 1　万力 ……………………………………………………………………… 052
- ❹ 工具の強度と破壊 ………………………………………………………… 054
  - 1　六角棒レンチの強度 …………………………………………………… 054
  - 2　ニッパなどの刃の強度と刃こぼれ …………………………………… 056

2 フレキシブルな工具の使い方（作業の効率化と負荷の低減）

- ❶ 手の届かない場所での作業の工夫「猫の手」 ………………………… 058
  - 1　ソケットレンチ ………………………………………………………… 058
- ❷ 1本で多種類作業に対応する工夫 ……………………………………… 062
  - 1　バイスプライヤ ………………………………………………………… 062
- ❸ 作業の負荷低減の工夫 …………………………………………………… 066
  - 1　インパクトドライバ …………………………………………………… 066
- ❹ 計りながら作業をする工夫 ……………………………………………… 069
  - 1　トルクレンチ …………………………………………………………… 069
  - 2　ハイトゲージ …………………………………………………………… 072

写真・図解でプロが教えるテクニック
正しい工具の揃え方・使い方

3 知っていますか？工具の使い分け（混同しがちな工具の機能と特徴）

- ❶ レンチ類の使い分け ………………………………………………………… 075
- ❷ ニッパとペンチの使い分け ………………………………………………… 076
- ❸ 弓のこ（ハンドハクソー）とパイプカッタ ………………………………… 078
- ❹ E形止め輪とC形止め輪の工具 …………………………………………… 079
  - 1　C形軸用偏心止め輪用プライヤの使い方 …………………………… 081
  - 2　E形止め輪用プライヤの使い方 ……………………………………… 081

第3章　写真で見るベテランから学ぶ工具のテクニック

1 工具使いのテクニック ここがポイント！（原理・原則に沿った使い方）

- ❶ ねじを締める、緩める：ドライバ ………………………………………… 084
  - 1　ドライバの種類と形状 ………………………………………………… 084
  - 2　通常のねじ締めや緩め（「普通形」ドライバの使い方） ……………… 085
  - 3　ねじが簡単に回らない場合（「貫通形」ドライバの使い方） ………… 086
- ❷ ねじ締め・緩め：スパナ・モンキ類 ……………………………………… 087
  - 1　スパナ・モンキ類の種類と形状 ……………………………………… 087
  - 2　通常のねじ締めや緩め（スパナの使い方） …………………………… 089
- ❸ 打込み・引抜き：ハンマとプーラ ………………………………………… 090
  - 1　ハンマの種類と形状 …………………………………………………… 090
  - 2　ハンマの使い方とメンテナンス ……………………………………… 091
  - 3　プーラの使い方 ………………………………………………………… 093
- ❹ 切断・刻印：のことポンチ ………………………………………………… 094
  - 1　のこの種類と形状 ……………………………………………………… 094
  - 2　木工用のこを使うときのポイント …………………………………… 095
  - 3　金のこ（弓のこ）を使うときのポイント ……………………………… 096
  - 4　ポンチの種類と形状 …………………………………………………… 098
- ❺ はさむ：万力 ………………………………………………………………… 100
  - 1　万力の種類と形状 ……………………………………………………… 100
  - 2　万力のはさみ方 ………………………………………………………… 101

目次

2 これが失敗の元！（工具使いの常識とウソ ①）

- ❶ ペンチ、ニッパ、ラジオペンチの転用 …………………………………… 102
- ❷ ニッパの種類と使い分け ………………………………………………… 103
  - 1 スタンダードニッパ ………………………………………………… 103
  - 2 斜めニッパ ………………………………………………………… 103
  - 3 皮むきニッパ ……………………………………………………… 104
  - 4 ニッパの刃部の構造 ……………………………………………… 104
  - 5 ニッパ使用上の注意 ……………………………………………… 105
- ❸ 万能の落とし穴（モンキレンチとパイプレンチ） ………………………… 106
- ❹ 圧着工具と電動工具は慣れが必要 ……………………………………… 107
  - 1 圧着工具 …………………………………………………………… 107
  - 2 圧着工具の使い方と注意点 ……………………………………… 108
  - 3 電動工具 …………………………………………………………… 109

3 この使い方が危ない！（工具使いの常識とウソ ②）

- ❶ ダブル工具 ………………………………………………………………… 111
  - 1 工具＋パイプ ……………………………………………………… 111
  - 2 工具＋工具 ………………………………………………………… 111
- ❷ 工具の転用 ………………………………………………………………… 112
- ❸ いい加減なセッティング ………………………………………………… 113
- ❹ 電動工具使用時の安全 …………………………………………………… 115

第1部

正しい工具の揃え方

第1章
工具の揃え方PDCA

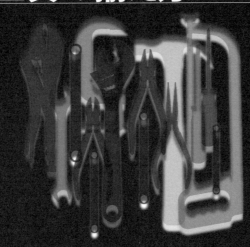

　工具はともすれば雑然と並んでおり、いつの間にか増えていく傾向にあります。また、増えすぎても、なかなか廃棄できないのが人情でしょう。工具こそ揃える前に計画的に方針を立てたいものです。そこで、本章では、従来からとくに指針や基準が見られなかった工具の揃え方にPDCAサイクルの管理手法を応用することで、道筋だった工具揃えを図る方法について説明します。PとはPlan（計画）で、作業目的に沿った工具を予想します。DはDo（実行）で、予測した工具の機種選定を行います。CはCheck（確認）で、選定工具の妥当性について評価します。最後のAはAction（改善）で、工具や揃え方についてさらに改善を加えます。言い換えれば、P：選び方を考える、D：原理を考える、C：使い方を考える、A：より良い工夫を考えることになります。さらに掲載した事例は、工具揃えのPDCAサイクルを考える際のヒントを与えます。

1 PDCAで工具を選ぶ・工具を減らす
意識されにくいムリ、ムラ、ムダ

1 工具選びのPDCA

　限られた時間内で効率よく作業を行いたい場合、「使える工具がたくさんあるほど安心できる」というのが人情でしょう。一般的に、現場で保管される工具には次の種類があります。

　①基本作業を行うための共通工具
　②こだわりや経験で持つ独自の工具
　③従来から保管されている在庫工具
　④限定作業用の特殊工具
　⑤破損や紛失に備える予備工具

　工具は廃棄しないのが常識です。これは「備えあれば憂いなし」で「廃棄の理由が見つからない」というのが大半の理由です。中には、セットの中の1本が紛失しただけでもう1セット購入したという例もしばしば耳にします。これでは工具は増える一方で、以下のようなムダが出できます。

　①探すムダ：作業ごとに工具箱をかき混ぜて探す時間のムダ
　②試行錯誤のムダ：最適工具を選ぶための試行錯誤や迷い
　③保管のムダ：工具箱や工具棚の工具は常に出入りするので、紛失や破損予防の手続きに時間を要する
　④重複のムダ：同じ種類や機能の工具が何本もあると、使わない工具で場所をとる
　⑤費用のムダ：上記のようなムダがあるにもかかわらず、抱えている工具の損耗には購入補充が必要となる
　⑥教育のムダ：新人に工具の基本を手ほどきする場合、種類が多くて教えるポイントが絞れない
　⑦管理のムダ：工具は個人保管、組織保管、私物が混在しているので、統一的な管理が困難
　⑧作業のムダ：不適切な工具あるいは不適切な使い方によって、作業時間を余計に必要としたり、失敗によるやり直しが発生する
　⑨安全のムダ：不適切な工具あるいは不適切な使い方によってケガをして、作業ができなくなってしまう

　「工具は自分の手先と同じ」という意識があるからか、このようなムダが見過ごされがちです。しかし、ムリ、ムラ、ムダは、作業時間や保管費用、購入費用、安全衛生上

の損失を生じることにつながります。そこで、最少・最適・最善の工具を揃えるための改善が必要です。

その1つとして「工具選びのPDCA」があります。PDCAとは、さまざまな活動において、P（Plan:計画）→ D（Do:実施）→ C（Check:確認）→ A（Action:対処）→ P（Plan:再計画）…という管理サイクルを回すことで、目標とする活動を確実で有効なものにするための手法です。

このPDCAを、工具の選定や在庫工具の見直しに応用してみましょう。活動の計画で活用するPDCAとは少し違った形となりますが、**図1・1**のように考えます。

Plan：工具の予想・作業のブレイクダウン（どのような作業があるのか）→ Do：工具の選定・工具のシミュレーション（どのような工具が必要か）→ Check:工具の評価・作業・工具の適合（どのような使い方をするか）→ Action：工具の改善・工具選定の改善（工具の使い方と工具の種類の見直し）の順に計画します。

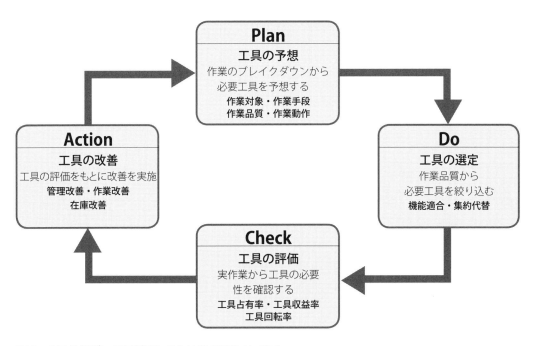

図1・1 工具選び、工具減らしのための PDCA サイクル

2 P：工具の予想（作業のブレイクダウンから必要工具を予想する）

作業を最少単位にブレイクダウンすると、必要工具が見えてくる

　工場の作業は多種多用ですが、一般的に作業は、
　・誰が（作業者）
　・何を（作業対象）
　・どの程度（作業品質）
　・何によって（作業手段）
　・いつまでに（作業納期）
　・どうする（作業動作）

という作業要素にブレイクダウンされます。本書の対象とする作業は分解や組立が主でしょう。また、作業者と作業時間は職場によって決まるので、ここでは省くことにします。
　例をあげると、
　・M20のボルトを（作業対象）
　・ボルト頭を傷つけないように（作業品質）
　・スパナによって（作業手段）
　・緩めてねじ穴から外す（作業動作）

ことになります。作業は多くの作業要素から構成されるのが普通であり、作業手段としての工具の候補も多くあります。

　このPDCAでは、まず第一ステップのPlanとして、作業のブレイクダウンを、作業対象、作業品質、作業手段、作業動作の4要素について行います。その際、**表1・1**のようなシートを用意するとやりやすくなります。

　たとえば、軸受ユニットの中の軸を取り出して交換する作業を考えましょう。この場合、作業順序は、
　・カバーを外す
　・軸受箱の上部を外す
　・軸ユニットを取り出す
　・軸ユニットを分解して軸を取り出す

となります。「カバーを外す」作業の4要素は**表1・1**のようになります。

作業番号	作業対象	作業品質	作業手段	作業動作
①	蝶番の M3 小ねじ 8 本	再使用せず	工具使用	緩めて取り外す
②	蝶番 2 個	再使用	手介	取り外す
③	カバー固定の M6 六角ボルト 8 本	再使用、ボルト頭傷付き不可	工具使用	緩めて取り外す
④	カバー	再使用 塗装傷付き不可	手介	取り外す

表1・1「カバーを外す」作業の4要素

作業番号	作業対象	作業品質	作業手段	作業動作
⑤	M20 ベアリングナット 2 個	再使用、表面傷は可	工具使用	緩めて取り外す
⑥	単列深溝玉軸受を 2 個	再使用、傷や変形は不可	治具使用	取り外す
⑦	C 形軸用偏心止め輪	再使用、表面傷は可	工具使用	取り外す
⑧	継手の M5 六角穴付きボルト 4 本	再使用、表面傷は可	工具使用	緩める
⑨	継手 1 個	再使用、表面傷は不可	手介	取り外す

表1・2「軸ユニットを分解する」作業の4要素

　表1・1から、工具が必要な作業は①と③であることがわかります。このステップでは、工具の種類までは検討しません。それは、この段階で作業手段の工具を考えると複数の候補が上がり、最少・最適な工具が絞り込めなくなる可能性があるからです。

　同様に「軸ユニットを分解する」では表1・2のようになります。工具が必要となるのは、⑤、⑦、⑧です。

　以上のようにして工具が必要な作業を洗い出し、その品質と工具による作業動作を明らかにします。リストアップをしない場合には、まず工具箱を用意して、それから作業の内容を考えるということになって、工具の数が増加してしまう原因となります。

　また、別の方法として、作業のブレイクダウンから工具選定までをフローチャートを利用して行う7段階で行うステップ法があります。これは、

　① 作業目的と作業対象の設備の確認
　② 作業対象の部品の種類、仕様、個数の明確化
　③ 作業での部品の取扱い方の確認
　④ そのための作業機能の確認
　⑤ 作業機能を実現する工具の候補の列挙
　⑥ そのうち仕様を満足できる候補の抽出
　⑦ 共通に使える工具、代替工具の検討の順にブレイクダウン

するもので、本章2で実例をもとに解説します。

3 D：工具の選定（作業品質から必要工具を絞り込む）

表1・1、2をもとに工具作業を抜き出し、作業の際に予想される（わかっている）悪条件も含めて**表1・3**を作成します。その場合、分解後の組立も入れておくと便利です。表1・3から工具の候補がわかります。

	作業対象	数量	作業動作		作業品質	予想される悪条件	工具の候補
①	M3 小ねじ	8	緩める	—	傷付き変形可	錆付き固い	ドライバ インパクトドライバ
③	M6 六角ボルト	8	緩める	締める	傷付き不可		M6 めがねレンチ M6 スパナ モンキレンチ
⑤	M30 ベアリングナット	2	緩める	締める	傷付き不可	固い	引っ掛けスパナ
⑦	C 形軸用偏心止め輪	2	外す	装着する	変形不可		軸用プライヤ
⑧	M5 六角穴付きボルト	6	緩める	締める	傷付き不可		六角棒レンチ

表1・3 作業品質も含めた工具の候補

表1・3から、作業対象に対してそれぞれ工具の候補が出てきます。似たような工具は使い方も同じだと考えがちです。また腕達者な作業員ならば、本来の機能とは違う使い方をしても問題ないように思えますが、本当にそうでしょうか。

数多くある候補の中から、本当に必要と思われる工具を絞り込むのがこのステップの役割です。まず、作業機能4項目と工具機能4項目からなる碁盤の目状の表を作成します。次に、同機能異種類の工具による作業対象（たとえばボルト）が碁盤の目のどの位置を占めるかによって、それぞれの工具のランク付けを行います。高ランクの工具を選ぶことによって工具の絞込みができます。

作業機能4項目とは、作業のブレイクダウンのときの4要素の中の作業品質をさらに、

　A 作業の精度
　B 作業の確実性
　C 作業の信頼性
　D 作業精度の維持

という4項目にブレイクダウンしたものです。また、工具機能4項目とは、

　Ⅰ 基本機能
　Ⅱ 付帯機能
　Ⅲ 保全機能
　Ⅳ 安全機能

です。そして、作業機能4項目と工具機能4項目から、**表1・4**のような工具のランク決め表を作成し、要求される品質のランクを設定します。

	A 作業の精度	B 作業の確実性	C 作業の信頼性	D 作業精度の維持
Ⅰ 基本機能	A、Ⅰ	B、Ⅰ	C、Ⅰ	D、Ⅰ
Ⅱ 付帯機能	A、Ⅱ	B、Ⅱ	C、Ⅱ	D、Ⅱ
Ⅲ 保全機能	A、Ⅲ	B、Ⅲ	C、Ⅲ	D、Ⅲ
Ⅳ 安全機能	A、Ⅳ	B、Ⅳ	C、Ⅳ	D、Ⅳ

表1・4 作業に要求されるランク

　表1・4では16とおりの作業のランクがあります。最低レベルが（A、Ⅰ）で、最高レベルが（D、Ⅳ）となります。表1・4に作業対象の工具を当てはめ、要求レベルがたとえば（B、Ⅲ）ならば、その欄にある工具を使用すると最適となります。

　最適とは、品質不足でも過剰品質でもないということです。たとえば表1・4からスパナが適切と結論されたなら、モンキレンチでは品質が確保できないが、ソケットレンチを使用するほどの品質は求めないということです。

4　C：工具の評価（実作業から工具の必要性を確認する）

　Doのステップで必要工具を絞り込んだ後は、それらの工具の必要性について定量的に評価（チェック）します。

　評価の手段として工具占有率K、工具収益率S、工具回転率Yという指標を用います。これらの指標は数値として表されるために、工具の数や種類、使い方などの評価基準として使用できます。

　工具占有率Kはどれだけの時間使用されているか、工具収益率Sはどれだけ稼げるか、工具回転率Yはどれだけの工具の本数が使われているかを表します。これらの指標を、単体もしくは組み合わせて、工具の必要性について評価します。

　前提として、1種類の工具（たとえばペンチ）について計算します。工具占有率Kとは、ペンチを1回持っていかれたときに次はいつ使えるか（いつ戻ってくるか）であり、工具使用の待ち時間の指標です。作業時間に対する比率で表され、この数値が大きいと（たとえば0.9以上）、1回持っていかれると、ほぼその日は使えないことを意味します。ペンチのKが大きいという結論から、ほかの人も使えるようにペンチを増やす方法が考えられます。

　では、何本増やせばよいのでしょうか。この検討に使うのが工具回転率です。工具回転率は、工具箱1箱あたり延べ何本のペンチが入っているかを示す指標です。作業のシミュレーションによって工具回転率Yが3と出て、実際に工具箱には1本のペンチしかなかった場合、もう2本増やせばよいことになります。

　ただ、気をつけなければならないのは、工具占有率が高いからといって、その工具（ペンチ）がフル稼働しているかどうかは明確でないということです。$K = 0.9$で1本のペンチが独り占めされていても、実際は作業者の腰ポケットに入っていたり、作業台の上に放置されている時間が長いのかもしれないからです。

そこで、これをチェックする指標が工具収益率Sです。これは工具（ペンチ）が占有されている間にいくら稼いだかという指標で、フル稼働しているならば$S=1$となり、その作業時間単位で作業者が創造する価値（金額）に見合うものとなります。しかし、もし半分の時間しか使われていないならば$S=0.5$となります。工具占有率Kに工具収益率Sを乗じるとペンチが1日に稼ぎ出す大きさとなります。

$$K \times S = 0.9 \times 1 = 0.9$$

ならば本数の増加には妥当性があります。しかし、

$$K \times S = 0.9 \times 0.5 = 0.45$$

ならば本数を増やすのではなく、ペンチを使用しないときは工具箱に戻すように作業員に指示することになります。これによって1日2回ペンチが使えるようになると、

$$K = 0.45 \times 1 \times 2回 = 0.9$$

となり、工具回転率が1.5本に下がるので、実質的には1本の買い足しで十分間に合うことになります。

やみくもに足らないと判断するのではなく、定量的な根拠のもとに補充や過剰の判断を行う方法です。

5 A：工具の改善（工具の評価をもとに改善を実施）

ここまでの3ステップで、ほぼ適切な種類、適切な数の工具を揃えたと解釈されがちですが、実はもう1ステップあります。それは、これまでの3ステップの成果について、実際に作業とのマッチングを試す段階です。

この場合には、工具そのものの本数や機能の確認をするよりも、工具を使った作業に着目します。一応過不足なく工具が揃っているようでも、不足感がぬぐえない、あるいは使い方がわからない工具があるなどはよくあります。とくに作業が固定されていない、多品種少量生産の現場で生じやすい問題です。

改善には管理方法の改善、作業方法の改善、在庫体制の改善などがあります。

1 管理方法の改善

工具管理方法の改善には、工具の種類や本数は変わらなくても、工具置き場の配置や工具箱の工夫などで工具の出し入れの便を図る方法、先入れ先出しの徹底による工具探しの時間短縮など、さまざまな例があります。また、ABC分析などの管理図法を応用した改善方法もあります。いずれも「必要な工具」を抽出して工具の見える化を図るものですが、ここでは、リスクベースに基づく改善方法について紹介します。

リスクベースとは、文字どおりリスキーな状態（悪条件）を想定して工具を選ぶものです。その状態としては、

・作業の悪条件：汎用工具では作業ができない
・工具の悪条件：この工具がないと作業ができない

・管理の悪条件：通常の工具の管理の仕方では作業の効率が悪い

などがあげられます。そこで、重点管理の工具とそれ以外の工具に分け、以後補充や持ち出しなどの条件を変えます。具体的な方法については、事例で説明します。

2 作業方法の改善

　現状揃っている工具ではミスや失敗が多い場合に、工具の種類を変える改善です。作業品質は同じであっても、次のような視点から工具を変えることで作業効率は上げられます。

・工具の交換

　工具の交換とは、たとえばスパナで作業していたが、ボルトが暗いところにあってボルト頭への引っ掛かりを何度もやり直していたので、めがねレンチに変えることで引っ掛け直しのムダを省こうというものです。

・治具の併用

　治具の併用とは、作業品質が厳しい場合や工具での失敗が多いときに、工具以外の治具を併用することで改善を図ろうというものです。一般社団法人中小企業診断協会の改善事例を紹介します。

改善前：六角穴付きボルトの締付け時に電気スクリュードライバを使用していたが、ねじ締付け時にボルトが傾いたり、ドライバの回転開始時にボルトが雌ねじの穴にうまく収まらないために、ボルトのねじと雌ねじの間に焼付きが生じてしまうことがありました。そこで作業者は注意をしながら、電気スクリュードライバを断続的に回転させていました。

改善後：**図1・2**のようなボルトのガイドを締付け材の上に載せてボルトの傾きやねじの収まりの改善を図り、作業者が電気スクリュードライバを連続的に使用できるようにしました。改善結果はボルト1本あたりのねじ締め時間が半減しました。

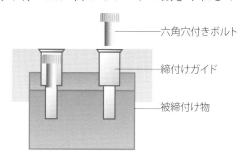

図1・2 治具の併用によるねじ締め改善事例

・機械化

　人手による作業では品質が安定しなかったり、多量な生産で作業員の疲労が問題になっている場合には、作業が機械化されます。

　機械化に伴って、工具は変えるのが普通です。たとえば、電気の線材を同一寸法で平滑な断面にするような切断作業では、人手ではニッパに頼っていたものを、多数本同時切断可能な専用の工具に変えることになります。また、ねじ締め作業などはよく機械化されます。これは、多数のねじ締め個所があって、どのねじ穴にも同程度のトルクで締め付ける場合、電気スクリュードライバと上下運動機構を組み合わせてねじ締め専用機とします。

2 工具の揃え方PDCAの実践例
他社を知り、己を知る

① P：工具の予想（作業のブレイクダウンから必要工具を予想する）

❶【事例1】たくさんあるが使えるものはない

　九州のある機械部品メーカーA社では、5S活動で全社をあげて工具の整理・整頓を行うことになりました。そこで、手待ちのムダをなくすために、スポンジ板に工具の形の切込みを入れて姿置きにして、それに工具を収めた工具収納ボードを機械のすぐ脇に置いて複数の工具を管理をすることになりました。もっとも多いのは電動工具ですが、バッテリーの充電不良や突発的な故障に備えるため、手動工具も併用して管理していました。

　製造部の保全係として採用されたB君は、機械の点検と簡単な修理・電動工具などのバッテリーの管理が主な役割でした。

　ある日、連装押圧機械に付属した油圧装置周りの不具合点検を命じられました。連装押圧機械は米国製の旧式で、安全カバーは六角頭にすり割りの入った特殊なねじ数種類で固定されています。

　保全係に備えてある重くて古い工具箱は数種類あって、それぞれ先輩社員のお気に入りがあるようです。もっとも大きな工具箱を借りて機械の側に行ったB君は、箱の中をかき混ぜながらスパナやドライバを取っ替え引っ替え試してみましたが、なかなか合う工具が見つかりません。そこで目についたのが工具収納ボード内のレンチで、こっそり取って使ってみるとピタリとはまります。B君はしばらく使っていましたが、そばを通りかかった製造班長に「工具収納ボード内の工具は使うな。第一これはアメリカねじだろう。俺の工具を使ってみろ」と、腰ベルトからモンキレンチを抜いて貸してくれました。そのモンキレンチで1本のねじはようやく外れましたが、ほかのねじは硬くて外せません。仕方なく保全係長に相談すると「あそこのねじはインチ系じゃないか？」と言って、自分の引出しから数本のめがねレンチを出してくれました。

　B君は「一体どれが正式な工具で、誰が本当に必要な工具を知っているのだろう。5Sというけれど、ムダばかりじゃないか」と思い、先行きの不安を感じずにはいられませんでした。

> ここが
> ポイント!!

作業と工具は一対　ほかの工具は不要

こうした事例はよく耳にします。一読して疑問に思えるところは、キチンと必要工具が整備されているところです。ただ、整理された工具はオペレーターが段取り替えに使用する限られた工具で、あくまで「ムダ時間の排除」が目的です。この工具は、他部署の要員は使用禁止となっていました。

問題は、保全係までこの思想が伝わっていないことでしょう。据え付けられている機械設備は決まっているので、点検や修理内容の見通しはつくはずです。機械を前にして工具を選ぶのではなく、思い描いた作業に適う工具を最初から持参すべきです。そのためには、職場や自分の作業の棚卸しが必要です。あれも心配これも心配では、収拾がつかなくなります。

そこで、保全であっても自社で行うべき作業と機械設備の供給元であるメーカーの作業とはキチンと線引きをすることが第一歩です。自社で行う場合には、仕様書から保全作業で取り扱うべき軸受などの機械要素の規格を把握しますが、機械設備などが外国製である場合は実寸を計る必要があるかもしれません。

この事例のように複雑な場合には、作業の4要素についてのブレイクダウン表を作成するやり方のほかにも、次の7ステップ手法があります。作業のブレイクダウンは次の7ステップで行います。

STEP1　作業目的と作業対象の設備は何か
↓
STEP2　作業対象の部品の種類、仕様、個数は何か
↓
STEP3　作業では部品をどう扱うのか
↓
STEP4　そのための作業機能は何か
↓
STEP5　作業機能を実現する工具の候補をあげる
↓
STEP6　そのうち仕様を満足できるのはどれか
↓
STEP7　共通に使える工具、代替工具はないか
↓
揃えるべき工具の決定（1台の機械設備やユニットごとに行います）

［実践例］
STEP1　作業目的と作業対象の設備は何か
　　　　　目的：配管の漏れの原因を調べる
　　　　　設備：油圧源装置と連装押圧機械を連結する油圧配管
STEP2　作業対象の部品の種類、仕様、個数は何か

鋼線12番（直径2.6mm）×3本

配管バンド　鉄板　幅22mm　厚み1.6mm×2本

配管バンド固定ねじ　六角ボルトウィットねじ5/32×4個、ユニオン継手（NTSねじ）1インチ×2個

STEP3 作業では部品をどう扱うのか

結束ワイヤを切り、配管バンド、ユニオン継手を外す。点検後再組立、ワイヤを結線

STEP4 そのための作業機能は何か

鋼線の切断、鋼板の曲げ、ボルトの緩め・締め、継手の緩め・締め、鋼線の結束

STEP5 **作業機能を実現する工具は何か**

切断：ペンチ、ニッパ、ボルトクリッパ

曲げ：プライヤ、ラジオペンチ、

ボルトの緩め・締め：レンチ、モンキレンチ、スパナ

継手の緩め・締め：パイプレンチ、モンキレンチ、スパナ

STEP6 そのうち仕様を満足できるのはどれか

切断対象は直径2.6mmの鋼線なのでペンチ（ニッパでは鋼線は切れない、ボルトクリッパは過剰仕様）

曲げ対象は、1.6mmの鉄板なのでプライヤ（ラジオペンチでは力が出せない）

ボルトの二面幅は特殊なのでモンキレンチ

継手の二面幅も特殊なのでパイプレンチ（モンキレンチでは力が出せない）

→ペンチ、プライヤ、モンキレンチ、パイプレンチが選ばれた

STEP7 共通に使える工具、代替工具はないか

ペンチはプライヤの代替となり得る

揃えるべき工具の決定

現場に持っていく工具はペンチ、モンキレンチ、パイプレンチの3本があればこと足ります。

② D:工具の選定（作業品質から必要工具を絞り込む）

1 【事例2】仕事は増えたが、クレームも増えた

　関西の制御盤・操作盤制作メーカーでの話です。この工場では大小機械の制御盤や操作盤を製作しており、工具の統一と整理を図ることで効率改善を果たしています。

　主要な業務として、電気基板のケーシングやシャーシへの取付けがあります。シャーシの基板支持部に絶縁フランジを打ち込んで基板を載せ、1ヵ所に位置決めピンを入れた後に、基板とシャーシをボルトとナットで固定する作業です。この作業部署の目玉は工具の多機能化です。たとえば、ラジオペンチ1つで電気基板を把持してのシャーシへの組込み、電気配線材や銅線の切断、ピンや絶縁フランジの挿入と打込み、小径ボルトのねじ締めやナット押さえなど、器用な使い方をする作業員が目を引きました。

　これまでこの工程だけで8種類の工具を使用しており、作業者の工具の取替えだけでも相当な時間を要していましたが、工具の集約によって工具管理費も作業時間も大幅な改善が実現しました。

　しかしその一方で、クレームも増えました。それは「サービスマンがフタを開けて点検中に線材の端で手を切った」「ねじが緩んで基板が曲がり、ショートが起こった」「制御盤が加熱したので調べてみると、ケーブル端の圧着端子が圧着不足で抜けていた」「修理のため基板を交換しようとしたら、基板の端にひびが見られた」などのような問題で、社内の重点対応課題となりました。

　最初、原因は新人作業員やパートの作業員による不良作業や客先や使用者の取扱い不良、輸送トラックの搬送中の振動などではないかと推測されました。しかし、クレーム製品と改善前の製品を分解して見比べると、「六角ボルト頭の二面や絶縁フランジなどに傷が目立つ」「圧着端子の取付けがあまい」「線材の切れ端が揃っておらず鋭利である」などの共通点が見られ、ニッパの多機能化と不慣れな作業員の相乗作用による悪影響が主原因と判断せざるを得ませんでした。

弘法筆を選ぶ

　「できればよい」と「品質の確保」は違います。後者には具体的な評価基準が存在します。ねじを例にとると、締まっていればよいのと「適正締付け力＊〔N〕」と規定されている場合の違いです。これは工具選びにも関係します。

　よく名工について「弘法筆を選ばず」と例えられますが、工具使いにおいては、さまざまな種類を探して、その中から最適な工具を選び出すことが品質確保の第一歩であり、その意味では「弘法筆を選ぶ」ことになります。

　ここで品質のランク付けを考えると、

Ⅰ 基本機能（締まる、切れるなど）
　Ⅱ 付帯機能（対象物の破損、被加工物の破損）
　Ⅲ 保全機能（緩む、抜けるなど）
　Ⅳ 安全機能（感電しない、ケガをしない）
があります。
　次にこのⅠ～Ⅳの機能について、
　A 作業の精度についての確認
　B 作業の確実性についての確認
　C 作業の信頼性についての確認
　D 作業精度の維持についての確認
が必要となります。

　製品に要求される品質のランクを設定するために一覧にまとめたのが**表1・5**です。縦欄ではⅠ～Ⅳにいくほど品質ランクは上がりますが、たとえばランクⅢではランク1とランクⅡを含んでいるのが前提となります。横軸のランクはA～Dになるほどレベルが上がります。ここでもたとえばレベルCは、レベルAとレベルBをクリアできているとします。もっとも低レベルな工具は（A、Ⅰ）、もっとも高レベルな工具は（D、Ⅳ）の要求を満たすものとなります。

　事例に沿って工具での作業対象であるボルトを例にして記入したものが**表1・6**です。そしてこれに沿って満足できるようにボルトを締める工具を選んだのが**表1・7**です。

		A 作業の精度	B 作業の確実性	C 作業の信頼性	D 精度の維持
Ⅰ	基本機能	作業精度は必要ない	機能の確実性が必要	作業者による機能差がない	経年による精度劣化がない
Ⅱ	付帯機能	作業時の損傷は許容できる	作業時の損傷は許容不可	経年による損傷も許容不可	損傷の顕在化と記録要
Ⅲ	保全機能	作業精度は必要ない	精度の確実性が必要	部品の再使用が可能	作業基準と作業記録要
Ⅳ	安全機能	作業者側で安全確保	部品側で安全確保	経年による危険化がない	保証の定量化

表1・5 工具選定の基礎となる品質ランク表

		A 作業の精度	B 精度の確実性	C 精度の信頼性	D 精度の保証
Ⅰ	基本機能	締まればよい	確実に締まる	ボルトの座面と被締付け材料が密着する	締付けトルクを手加減で管理
Ⅱ	付帯機能	ねじや締付け材の損傷は可	ねじや締付け材の損傷は不可	緩んでこない	締付けトルクを回転角で管理
Ⅲ	保全機能	分解・組立できればよい	再現性確保	再締結可能 再使用可能	締付けトルクを目視で管理
Ⅳ	安全機能	素手での作業が可能	暗がりや狭いところでもボルト頭がはずれない	狭いところでも手があたらない	過剰な力を加えなくても作業が可能

表1・6 工具選定の基礎となる品質ランク表（ボルトの場合）

		A	B	C	D
		作業の精度	精度の確実性	精度の信頼性	精度の保証
I	基本機能	ペンチ ラジオペンチ プライヤ バイスプライヤ スパナ モンキレンチ ソケットレンチ めがねレンチ	スパナ バイスプライヤ めがねレンチ モンキレンチ ソケットレンチ	スパナ ソケットレンチ モンキレンチ めがねレンチ	スパナ めがねレンチ 直読式トルクレンチ シグナル式トルクレンチ
II	付帯機能	ペンチ プライヤ バイスプライヤ めがねレンチ スパナ モンキレンチ ソケットレンチ	スパナ ソケットレンチ モンキレンチ めがねレンチ	スパナ ソケットレンチ めがねレンチ	めがねレンチ 直読式トルクレンチ シグナル式トルクレンチ
III	保全機能	バイスプライヤ モンキレンチ めがねレンチ スパナ ソケットレンチ	スパナ ソケットレンチ モンキレンチ めがねレンチ	スパナ ソケットレンチ めがねレンチ	直読式トルクレンチ シグナル式トルクレンチ
IV	安全機能	スパナ ソケットレンチ モンキレンチ めがねレンチ	ソケットレンチ めがねレンチ	ソケットレンチ	シグナル式トルクレンチ

表1・7 ボルトを締める工具のランク付け

【事例2】の文章からは、基本機能としてボルト頭の傷は許容されていますが、緩んではならないという作業レベルが読み取れます。また、安全機能としては、保全員から作業中の感電を避けたいという要求があります。そこで作業のランクは（C、Ⅳ）と高いものとなります。

この評価を**表1・7**にあてはめてみると、「めがねレンチ」という選択が得られます。つまり、【事例2】でのクレーム原因の1つはボルトの締付けにラジオペンチを用いたということがわかります。さらに線材の切断や圧着端子の圧着について、上と同様の作業レベルと工具の相性の分析を行うと、プライヤや皮膜圧着端子用圧着工具を使用すべきであったことが浮かんできます。

3 C:工具の評価(実作業から工具の必要性を確認する)

1 【事例3】いつもあると思うな、工具とお金

　技術サービスの会社・A社では、主に生産設備の保全や定期検査・修理や部品の交換を行っています。サービスマンは、各人の工具箱を持って現場に向かっていました。しかし、突発的な修理の依頼や特殊な機械設備の点検には相応の特殊工具が必要なこともあり、客先への出発前には工具の貸し借りや必要種類や本数の手配にごったがえすのが常でした。

　客先で仕事をするサービスマンたちは、従来は個人ごとに工具箱を持っていました。しかし、誰の工具箱にどのような工具があるのかわからないことが混乱の元凶であると考え、彼らは会社に次のような提案をしました。

・客先ごとの工具箱を複数個常備する
・客先の新規要求のたびに、箱内の工具の交換や購入を行う専属の係員を配置して、「工具の見える化」を図る

　しかし会社は、多くの客先ごとに工具箱を揃えるのは費用的にも現実的ではないとして、その代案として「管理の一元化による工具の見える化」を実施することにしました。それまでサービスマンたちの各人の工具箱に入っていた工具類をすべて集めて図1・3のように工具の種類・大きさごとに小箱に入れ、その小箱を多数壁にぶらさげた壁面工具ストッカーを設置したのです。さらに工具の出し入れ通路を一方通行にして、工具揃えで行き交うサービスマンたちの交錯を避け、段取り時間のムダ取りを図りました。

　しかし、しばらく使っているうちに、常にストッカーにない工具や使われた形跡のない工具などが目立ってきました。A社は「これこそ改善の賜」として、使われない工具

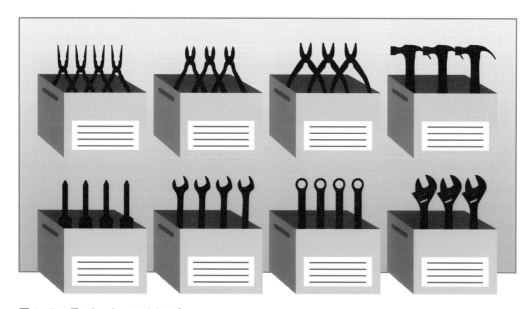

図1・3 工具ストッカーのイメージ

は処分して、不足する工具は購入するようにしました。

ところが半年もすると、今度は処分した種類の工具が不足し始め、新規に買い足した工具がいつもストッカーに残るようになりました。管理係が慌てて実情調査を行うと、「本数が足らない」「使いたい工具がいつもない」「種類が足らない」「種類が多すぎて混乱する」などサービスマンの苦情が改善前よりも増えていました。作業の合理化を行う全社的な改善プロジェクトであったはずなのに、どこが間違っていたのでしょうか。

工具の見える化ではなく工具使いの見える化が必要

工具の見える化は重要で改善の第一ステップではありますが、この状態では「どのような工具がどれだけあるか」が視覚的に把握できるだけで、保管する工具が「本当に必要なものかどうか」「重複保有が必要なのか」「必要ならば何セット保有すればよいか」という「工具保有の理由」がわかりません。

「工具保有の理由」は工具に関する諸費用の妥当性を示すもので、改善の根拠となるものであり、事業所としても必要です。そこで、単なる思いとしての「要る」「要らない」ではなく、数値として工具保有の根拠を示す必要があります。そのために次の3つを把握する必要があります。

●工具占有率 K

工具平均使用時間というのは、作業開始から作業終了までの時間の間に平均どの程度工具を使用したかという時間です。ある特定の工具について、1日のうちで図1・4のように小箱内の工具が使われる時刻 t_1、t_2…を観察しておき、

$$T_1 = t_2 - t_1$$
$$T_2 = t_4 - t_3$$
$$\cdots$$
$$T_N = t_n - t_{n-1}$$

とその回数 N を計り、

工具平均使用時間

$$T_m = (T_1 + T_2 + \cdots T_N) \div N$$

を算出します。

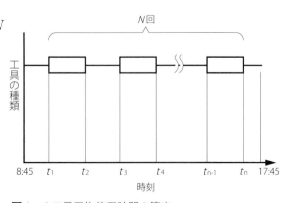

図1・4 工具平均使用時間の算出

工具平均使用時間は工具の「不在時間間隔」を示すもので、1個の工具がストッカーの小箱から持ち出される時間の平均であり、工具がストッカーからなくなった工具が再び戻ってくるまでの待ち時間を示すものです。工具平均使用時間が長い工具は、重複保有などの処置が必要となります。

この工具平均使用時間を利用した、

$$K = T_m / 1日の作業時間W$$

を工具占有率といいます。このKを使うことで、

　　　$K < 1$では、工具は必ず1日のうちで何回かストッカーの小箱に戻っているはず
　　　$K = 1$では、作業時間中ずっと工具が使われている
　　　$K > 1$では、工具が紛失または誰かが占有している状態

と分析できます。

●工具収益率S

工具平均使用時間が長くても、個人の占有時間が長いだけで、実際に作業で使用されている時間はまた別問題です。たとえば六角棒レンチは汎用工具であるだけに工具平均使用時間は長いのですが、同時に作業服のポケットなどに入っている時間も長いことが予想できます。また、作業中の休憩時間など非収益要素も入っている可能性があります。

このように、占有時間が長くてもいかに役立っているかは別問題です。そこで、工具がいくら稼いだかを示す工具収益率を用いると便利です。

工具収益率Sは、本来は工具使用による獲得利益÷全利益×100%で計算されるべきものですが、実際にはこの式では金額についての計算が困難です。そこで、工具は必ず人が使うと考えて、工具による作業時間中の人件費（原価：労務費）で代用します。そうすると、

　　　工具収益率S ＝ （実工具作業時間T_0 × 労務費Q／時間t）÷
　　　（工具平均使用時間T_m × 労務費Q／時間t）
　　　　　　　＝ （実工具作業時間 ÷ 工具平均使用時間）

で表されることになります。

実工具作業時間とは、たとえばスパナで何本かのねじを締めるのに要する時間で、

　　　実工具作業時間 ＝ ねじ締めに関する標準作業時間 × ねじの本数

として作業観察などによって平均的な時間の測定が可能です。

　　　$S < 1$の場合、作業時間中に工具を使わないときがある
　　　$S = 1$の場合、作業時間中ずっと工具を使っており休憩もない
　　　$S > 1$の場合、作業時間中ずっと工具を使うにもかかわらず、工具が足りない、または作業時間内に作業が終わっていない状態となります。

● **工具回転率 Y**

　　工具回転率とは、1日に小箱1個あたり何本の工具が必要とされたかを示す指標で、

　　　　工具回転率 Y = 延べ使用本数 H / 小箱・日 ÷ 保管本数 h / 小箱

として表します。たとえば、工具ストッカーの小箱に18mmスパナが h = 3本常備されており、ある日の延べ使用本数 H が8本であった場合には、Y = 8本 ÷ 3本 = 2.667と計算します。

　　　　工具回転率 Y < 1 ならば過剰在庫
　　　　工具回転率 Y = 1 ならば最少在庫

　こうして、工具回転率 Y > 1 で効率的な運用が可能と評価できます。

　しかし、回転率 Y には上限 Y_{max} が存在し、

　　　　Y_{max} = 1日の作業時間 W ÷ 平均工具使用時間 T_m

となります。作業によって平均工具使用時間 T_m が既知の場合、たとえば T_m = 1.5時間とすると、Y_{max} = 7.5 ÷ 1.5 = 5となります。

　そこでこの例であれば、工具回転率は、1 < 工具回転率 Y < 5
で管理するという目標設定ができます。

　この事例でサービスマンが言っていた苦情も、上記の工具占有率、工具収益率、工具回転率を用いると、次のように評価が可能になります。

・本数が足りない：K、S、Y どれもが高すぎる工具が存在する
・使いたい工具がいつもない：K または Y が過剰な工具が存在する
・種類が足りない：S が低すぎる工具が存在する
・種類が多すぎて混乱する：K、S、Y 共に低い工具が存在する

　そこで**表1・8**のような工具の評価表を工具ストッカー小箱に入っている工具すべてについて作成します。このときに大切なことは、K、S、Y について、その職場・職種・作業ごとの事情を反映した評価基準を作成しておくことです。この評価基準によって工具の管理状態や作業方法の見直しを検討します。たとえばA社ならば、**表1・8**のような評価表を作成して、工具の使われ方の見える化を行います。

小箱 No.	（工具）		工具占有率 K	工具収益率 S	工具回転率 Y	評価後の対処
1	スパナ	18mm	0.9	0.8	3.2	本数増加
2	六角棒レンチ	3mm	0.3	0.9	2.8	現状維持
3	･･･	･･	･･	･･	･･	･･･
69	プライヤ		0.1	0.02	0.5	ストッカーから排除

表1・8 ボルトを締める工具のランク付け

4 A：工具の改善（工具の評価をもとに改善を実施）

1 【事例4】備えあれば憂いなし。しかし金もなし

　関東にある自動機械メーカーS社の主な業務は、大型から小型精密機械まで専用自動機械の組立と試運転です。1班6人のチームで6班が稼働しています。組立という多品種少量生産の性質上、工具は各人で管理されており、多種類の工具が入った工具箱が1人1箱用意されています。

　しかし、自社設計の機械ではないので、ねじなどの機械要素の大きさや種類は多種多様で、受注があるたびに工具を購入している状態です。工具の摩耗のほかにも、ハンマで工具を叩いたりパイプでトルクを加えたりの力任せの組立に加えて、本来工具を使うべきではないすき間の調整やこじ開けにも工具を使っています。

　購買課のR係長はこの点に疑問に感じています。あるとき購入依頼伝票を持ってきたK班長に「最近、工具の購入費がかなりの金額にのぼる。この前も工具を投げている人がいたが、少し使い方が荒くはないか？」と聞きました。K班長は「納期が厳しいので調整治具などをつくっている暇もなく、手持ちの工具を器用に使いながら組立をしている。当然私たちも、休憩時間や昼休みも使って各自で曲がったレンチなどは叩いて修理している。しかし不可抗力で壊れた工具は補充するしかない」と応えました。R係長は「しかし、現場には相当の工具がある。同じものが余分にあるように思えてならない。必要最小限の工具数はある程度君にも予測がつくだろう」と言いました。K班長も困った顔つきになり「工具が1つでもなくなると組立作業全体がストップする。それが一番怖くて、作業員も会社の工具以外にも基本的な工具は皆自前で持っている。必要最小限の数では突発的な工具損傷のときにアウトだ。必ず予備品も必要だ」と言いました。

　R係長の「同じサイズで型式だけが違う工具は1種類にまとめることができないか？」という提案にも、K班長は「型式が違えば使い方も使い勝手も違うことを私たちはよく知っている。工具の種類が増えたのは知っているが、使い分けも必要なのは事実だ…」と答えました。

　R係長は「本当の事実とは何であろうか」と悩むばかりでした。

工具ありき、からモノありきへ視点を変える

　この事例のように、「ひょっとしたら、足りないかもしれないから揃えておこう」という気持ちはわかります。しかし、「あれもこれも」では増えていく一方です。この心配が生じる原因は、
　① 本当に必要な工具がわからない
　② 工具を他の用途にも転用している

③ 工具の種類と使い方を把握していない

であって、とくに①が深刻です。

そこでまず、常用工具と予備工具を明確に区別しましょう。それにはリスクベースが必要です。リスクベースとは、「この工具がなければ完全に仕事ができない」という工具を探すことです。工具を選定する3条件があります。

①工具の使用個所
②作業対象機械要素の種類と数
③作業対象機械要素の形状

3章でも触れますが、道具箱にもっとも多い工具はねじ用のレンチ・ドライバ類です。これを例にとると、①はレンチが回せるスペースの有無、②は小ねじやボルトなどの区別と大きさの種類、③はナットが必要か否かということです。

本当に必要な工具本数を調べるには、①、②、③項目を1つのグラフにまとめてみる必要があります。たとえば上の事例で1班6人が担当する上半期のねじの種類が小ねじ、六角穴付きボルト、ボルト、ナットで、ねじの大きさがM3、M5、M8の3種類であったとします。横軸にM3、M5、M8の順で小ねじ、六角穴付きボルト、ボルトが全ねじ数に占める数量の割合を棒グラフで表します。

ナットの使用割合はわかりやすいように点でプロットします。さらに棒グラフの中に、狭い場所で使用される割合を塗りつぶすと、**図1・5**のようなグラフになります。この例ではM3のボルトとM8の小ねじの本数は0としていますが、この事例の考え方でいくと、ドライバ3種類、スパナ3種類、六角レンチ3種類、ボックスレンチ3種類の計12種類×6人＝72本、さらに予備としてそれぞれ1本ずつ用意すると各班で144本が必

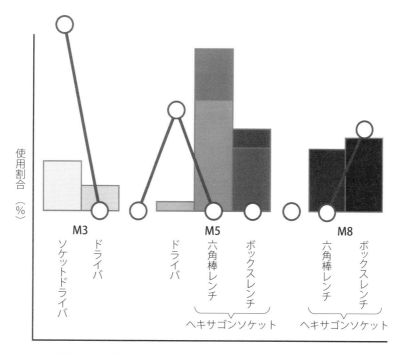

図1・5 必要工具の分析

要です。

　しかし、**図1・5**を見ると、もっとも使用頻度が高いのはM5用六角棒レンチで、次に狭いところのねじ締め用とナット用のM5用ボックスレンチ（**写真1・1**）です。次に小ねじ用ドライバですが、ISO先端サイズNo.2を使えばM3とM5は共用で使えます。そのほかM3、M8用六角棒レンチ、M8用ボックスレンチはボルトとナット両方に使えます。M3ナットにはボックスレンチを使用とすると、7種類×6人＝42本に減ります。これが常備工具です。

　次に予備工具の考え方ですが、M5のねじが全体の7割を占めているので、M5用六角棒レンチとボックスレンチが損傷すると、作業に大きな支障をきたすことが予想されます。そこでこれらの工具は重点管理の対象として、予備品をいくつか揃えます。しかしこれらは各人の工具箱に入れずに管理することにします。

　さらにM5とM8にボックスレンチと六角棒レンチを兼ねた**写真1・2**のヘキサゴンソケットを使用できれば、4種類×6人＝24本となり、常備工具は当初の3分の1にまで本数を削減できます。常備本数が集約されると損傷や補充本数も減少します。

写真1・1 ボックスレンチ

写真1・2 ヘキサゴンソケット

【この例での改善実績】
　従来：常備12本＋予備6本＝18本／工具箱　補充2本：2400円／月
　改善後：常備4本／工具箱　補充0.03本：72円／月

3 工具を整理・分類する

まず工具をよく知ることから

　PDCAを実行する場合の考え方は既に解説しましたが、いずれの場合にも工具をよく知る必要があります。そして機能や使い勝手別に分類しておくと、多くの工具の中から探し出すのに便利です。

① 工具の機能別分類

　PDCAを実行する場合の基本が、作業機能と工具機能のマッチングです。汎用的な工具を使う場合の作業機能としては、「はさんで回す」「差し込んで回す」「はさむ」「押し引き」「揺動」「叩く」の6つがあります。一方、工具機能としては、「締結」「解結」「抜く」「圧入」「変形」「切断」「把持」「穿孔」「固定」「成形」があります。ここで変形とは、線材や板材を曲げたりねじったりすることで、成形とは立体的なものを凹ましたり、全体の形を変えてしまうことを意味します。また把持ははさみ込んで移動できるもの、固定ははさんだり押さえたりして移動できないようにすることです。

　これらの作業機能と工具機能がマッチングすることが最適工具選定のもっとも重要な要件となります。たとえば、作業機能のはさむと工具機能の切断との組合わせに適する工具としては、ニッパ、ラジオペンチ、ペンチ、ボルトクリッパ、金切りはさみがあげられます。その他の機能同士の組合わせを**表1・9**に示します。

　さらに適切な工具を選ぶには、切断対象材料の形状と硬さの情報が必要です。形状として丸棒、太線材、細線材、薄板を、硬さとして超硬材（ステンレスやピアノ線）、硬材（鋼）、軟材（銅、アルミニウムなど）を考慮すると**表1・10**のような分類ができます。

切断対象材料		工具
丸棒	超硬材	
	硬材	ボルトクリッパ
	軟材	ボルトクリッパ
太線材	超硬材	
	硬材	ボルトクリッパ
	軟材	ペンチ
細線材	超硬材	
	硬材	ペンチ、ニッパ
	軟材	ペンチ、ニッパ
ラジオペンチ		
薄板	超硬材	
	硬材	金切りはさみ
	軟材	金切りはさみ

表1・9 作業機能と工具機能による工具の分類

		挟んで回す	差し込んで回す	はさむ	押し引き	揺動	叩く
締結、解結	ねじ	スパナ モンキレンチ	ソケットレンチ メガネレンチ ドライバ 六角棒レンチ			ラチェットレンチ	インパクトドライバ
	パイプ	パイプレンチ プライヤ					
抜く				プーラ			
挿入							ハンマ
変形				ペンチ ラジオペンチ 丸ペンチ			ハンマ
切断	線材			プライヤ ニッパ ボルトクリッパ ペンチ ラジオペンチ	のこ		タガネ
	板材			金切りはさみ	のこ カッター		タガネ
把持				プライヤ バイスプライヤ ペンチ			
穿孔			キリ タップ ダイス ポンチ				
固定				万力 シャコ万力			
成形				圧着工具	ヤスリ		ポンチ

表1・10 作業機能と工具機能から選ぶ工具

2 汎用工具と専用工具

　工具箱の中が一杯だったり、工具棚に多数の工具が入っていると、ほしい工具を取り出すまでに時間がかかります。とくに急いでいる場合には、イライラしてしまうことも多いでしょう。こうした場合には、汎用工具と専用工具の分別や、使用頻度による整理が有効です。

1 汎用と専用

　汎用と専用工具の区別は、厳密には作業場ごとや作業の種類ごとに異なるのが普通です。汎用工具はどこにでもあり、誰でもすぐに使えると考えられます。

　また専用工具としては、ふだん使わなくても、それがないと工作できないような工具が該当します。また、汎用的に使われていても、高価であったりセットものの工具、電動工具なども汎用工具から外して管理する方が便利です。**表1・11**に専用・汎用工具の分類例を示します。

	汎用	専用	高価	電動
締・解結用工具	スパナ	ボックスレンチ	ソケットレンチ	インパクトレンチ
	めがねレンチ	精密ドライバ	ラチェットレンチ	インパクトドライバ
	モンキレンチ	引っ掛けスパナ	トルクレンチ	電動ドライバ
	六角棒レンチ	スタッピドドライバ		
	ドライバ	インパクトドライバ		
切断工具	弓のこ	パイプカッター		丸のこ盤
	木工用のこ	ボルトクリッパ		
	ペンチ			
	ニッパ	ピアノ線用ニッパ		
	ラジオペンチ	皮むきニッパ		
	プライヤ	爪切りニッパ		
把持工具	ペンチ	パイプレンチ		
	ニッパ	バイスプライヤ		
	丸ペンチ	リードペンチ		
	プライヤ	絶縁用ペンチ		
固定工具	手仕上げ用万力	機械加工用万力		
	シャコ万力	パイプバイス		
抜き工具	プーラ	ベアリングプーラ		
		ショックスピードプーラ		

表1・11 汎用・専用工具の分類

2 使用頻度

　工具棚や工具箱に収納されている工具も、実は出番の多いもの少ないものがありますが、意外に意識されていないことが多いようです。

　ある学校の実習工場にある工具箱の中身は、奥から順にプラスドライバ2番、スパナ、8×9めがねレンチ、ペンチ、プライヤ、金きりはさみ、プラスドライバ4番、モンキレンチ250、マイナスドライバ3番、六角棒レンチセット、12mmスパナ、8mmスパナ、キリ、モンキレンチ150、10×13めがねレンチ、プラスチックハンマでした。しかし、学生が部活や卒業研究で頻繁に使う工具は、頻度の高い順からプラスドライバ、モンキレンチ、スパナ、マイナスドライバであることが平均的です。つまりこの工具箱の中の工具は、使用頻度に関係なしに(ほぼ使用頻度と逆の)順序で入っていたことになります。

　これがいつも工具箱を「かき混ぜて探す」原因であり、「かき混ぜて探す」あげく、使用頻度に逆らった順序で工具が入っていることにもなります。

　工具箱の中は、キチンと順序だてて入れてもある程度は混ざってしまうし、箱内での工具の山が崩れるので、あまり整理の効果はありません。しかし、工具棚や工具ストッ

カーの並べ方ならば、使用頻度をある程度考慮した並びが可能です。つまり工具棚の工具の並べ方は、使用頻度の順に並べる方がよいということになります。よく見るのが、**図1・6（a）**のように種類ごとの並べ方です。見た目はよいのですが、探す時間がかかります。**図1・6（b）**は使用頻度順に並べた例です。

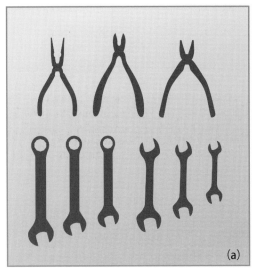 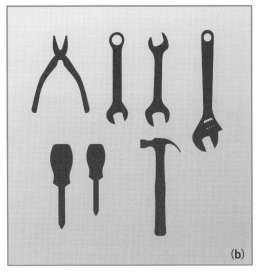

図1・6 工具棚の整理

（a）は多くの職場で採用されていますが、やはり「探す時間」が必要で、（b）は探すよりも自然に手が出ます。ある自動車部品メーカーでは（b）の方が（a）よりも約半分の時間でほしい工具を手にすることができたという実績があります。

さて、工具整理で成功するための大切な原理が1つ隠れています。それは人間が目で探す場合の視線の流れです。直線では左から右に、平面では左から右にいった後、左下に視線が移動し、また右に移動します。これをZの法則といい、ネット上の広告、自動販売機、量販店の商品展示に取り入れられています（**図1・7**）。

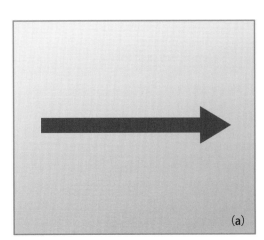 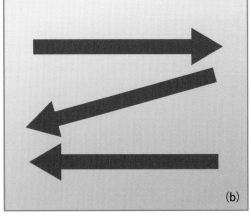

図1・7 人間の視線の移動

そこで工具棚に2段に並べる場合、使用頻度順に**図1・8（a）**ように並べがちではありますが、Zの法則をそのまま工具整理に応用すると、意外に視線が戸惑うことが調査で分かっています。この場合には**図1・8（b）**のようにボードに視線ガイドをつけることによって、よりスムーズに目指す工具を探しあてることができます。

工具探しや管理が面倒になるのは、工具の形や大きさ、色がまちまちで、無意識のうちに見間違いやカン違いを繰り返しながら、視線があちこちと移動するためでもあります。つまり、工具棚の整理と工具探しには、探す視線がスムーズに移動できるように、次のような原則を取り入れることが基本となります。

人の視線は、眺めるときは右から左へ、探すときは左から右へ

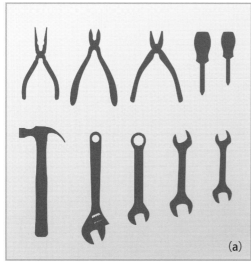
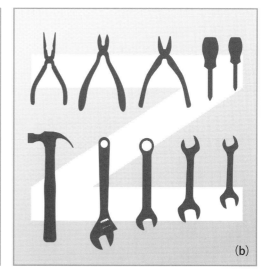

図1・8 Zの法則を応用した工具棚

3 単能工具と多能工具

　工具機能として締・解結、抜く、挿入、変形、切断、把持、穿孔、固定、成形をあげました。これらの機能を1つだけ持つ工具を単能工具、2つ以上の機能を持つ工具を多能工具と呼ぶことにします。**表1・10**において同じ工具名称が重複してあるのは、多能工具があるからです。

　多能工具は**表1・12**のように、把持工具や切断工具に多く見られます。

	締・解結	(抜く)	(挿入)	変形	切断	把持
ペンチ		○	△	○	○	○
ラジオペンチ		△	○	○	○	
プライヤ	○	○	△	○	○	○
バイスプライヤ	○			○	○	○
*ニッパ					○	
*丸ペンチ				○		

表1・12 多能工具の機能一覧

　表1・10のペンチが挿入に△であるのは、ピンなどを穴に挿入する場合には、把持部の幅が広すぎて狙いが定まりにくいので、あまり使われないという意味です。同様にラジオペンチの抜くが△であるのは、ラジオペンチはペンチほど剛性がないので、硬く挿入されたピンなどを抜くには不向きであることを示しています。また、同表にニッパと丸ペンチを入れたのは、両者ともに単機能しかないのに、誤って多機能を期待されて使われることが多いためです。よく他の把持工具と一緒だとカン違いされがちで、誤った使い方をされる場合が多いので注意が必要です。

　ペンチのようないわゆる「はさみ形」の工具は多機能形が多いのですが、注意が必要です。たとえば**表1・12**を見るとペンチもプライヤも同じように多機能ですが、**図1・9(a)**のように、ペンチでボルトをはさんで締め付けることは正しい使い方ではありません。ボルト頭に傷が入るし、手に込めた力のわりにはボルト頭がすべったり、回転力が逃げて所定の締付けトルクを得ることが困難です。この理由は、ペンチの顎は**図1・9(b)**

(a) ペンチの歯でボルトをくわえた状態

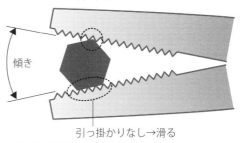
(b) ペンチの歯でボルトをくわえる

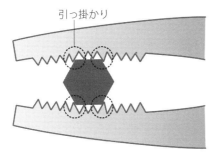

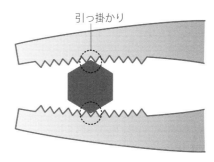

(c) プライヤの歯でボルトをくわえる

図1・9 ペンチとプライヤでボルトをはさむ

のように傾きを持っており、そこでボルト頭の一部が引っ掛かっても一部はすべる状態にあるので、締付け時に回しても滑ったり、ボルトの一部の引っ掛り部に集中応力が作用してその部分を破損することがあるからです。

一方、図1・9（c）のプライヤでは、緩い円弧状に並んだ歯でボルトをくわえ込むので、トルクを加えてもすべる可能性はペンチに比べてずっと低いものとなります。

また、ペンチやプライヤでピンなどを引き抜くときも、図1・10の（a）、（b）の両方のやり方がありますが、理にかなっているのは図1・10（b）のやり方です。ペンチやプライヤの把持面には小さなギザギザがついていて、これは何本も平行に刻んであります。そこで図1・10（a）のようにギザギザに平行にピンをはさむとすべる可能性が大きく、ムリに力を入れるとピンが斜めになって把持されることがあります。この場合は図1・10（b）のようにギザギザに垂直にピンをはさみこんでギザギザの先端をしっかりとピンに密着させることが大切です。

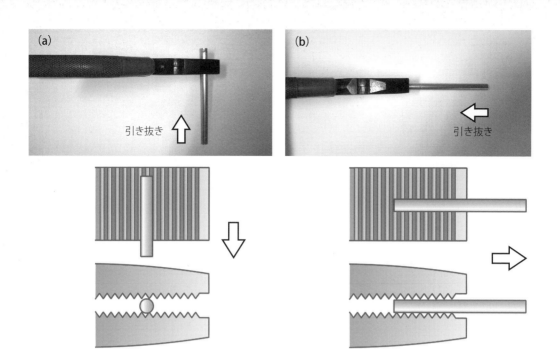

図1・10 ピンを抜くときのペンチやプライヤでのつかみ方向

以上のように、

工具は賢く選んで賢く使う

が一番の基本となります。

第2部

正しい工具の使い方

第2章
工具の原理と使い方

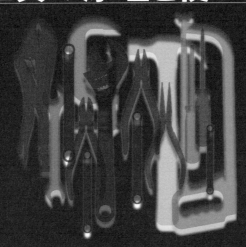

　工具を使用するとき、真剣になるあまり思わぬ大きな力を入れてしまい、対象物が壊れたり、工具が破損したりした経験がありませんか。これは、過剰な力を込めたというよりも、工具の使い方を誤ったことに原因があります。工具と対象物の間には「目に見えない原理」が働いており、これに逆らわずに作業することが、正しい工具の使い方となります。また、原理に沿った正しい使い方で作業をすれば、ムリな力を込めなくても期待されたとおりの成果が出せることになります。工具は、その形状やメカニズム、動き方によってさまざまな力学現象が生じます。この「目に見えない」力学現象としては、回転トルク、てこの原理、倍力機構、せん断と変形などがあります。これらの原理をしっかりと把握することで、工具の種類による理に適った使い方が理解できます。また、工具揃えのPDCAサイクルを考える際の、DoとCheckのステップに活用できるようになります。

1 主な工具と作業の原理

工具の作業効率と強度・破壊

1 締付け工具と作業効率

1 ドライバ

ドライバで小ねじを締め付ける場合、力を入れて回すとねじ頭の溝が壊れてしまいます。しかし、力を入れないとドライバの先端が外れてしまいます。ドライバは誰もが頻繁に使う工具でありながら、以外と使い方は難しいのです。

ドライバは「回すよりも押し込む方に力を入れる」のが、正しく小ねじを締めつける「コツ」です。

> ドライバによるねじの締付けは、押し力7割、回し力3割

●ドライバによるねじ締めのメカニズム

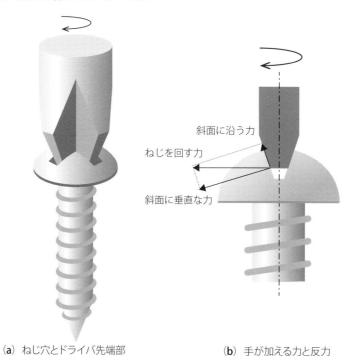

　　(a) ねじ穴とドライバ先端部　　　　(b) 手が加える力と反力

図2・1 ドライバ先端に生じる反力

では、ドライバを「回すよりも押し込む方に力を入れる」理由を説明しましょう。**図 2・1（b）**のように、ねじ頭の穴溝は斜面になっているので、ねじを回す力は斜面に垂直な力と斜面に沿う力に分解されます。斜面に沿う力は同図のように上向きの力なので、ドライバを持ち上げる働きをします。そこで、小ねじを締め付けるためには、ドライバを回す力のほかにも、上向きの力に打ち勝つだけの押し力も加えなければなりません。この点がスパナでボルトを締める場合とは大きく異なります。

　また、**図 2・2**のように、ドライバ先端と穴溝はごく一部分でしか接触しておらず、ねじを回す力はここに集中しています。押す力が弱ければ、ドライバ先端と穴溝の接触部分はますます小さくなります。同じ力でも、接触面積が小さいほど大きな圧力が生じます。ドライバの方がねじよりも硬いので、ドライバ先端が浮いて溝との接触面積が減ると溝を壊してしまいます。

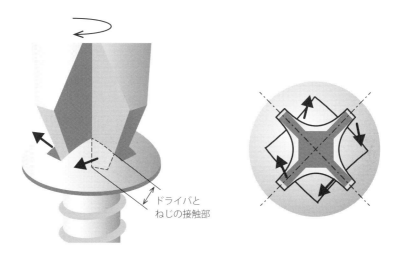

図 2・2 ねじ穴の一部に集中する回し方

COLUMN JIS B 1012 と JIS B 4633	JIS の記述では、JIS B 1012（ねじ用十字穴）、JIS B 4633（十字ねじ回し）を合わせて読むと、ドライバによるねじ締めへの理解が深まります。

2 スパナ

ねじの締付けでもっとも考えなければならないのが力の加減です。力を入れ過ぎると、ねじは壊れてしまうし、小さな工具の使用だと、締付け力が不足しているような気がします。

ムリをせず、しかも安心できる締付けをするために知っておくべきことに「締付けトルク」があります。たとえば、**図2・3**のようにボルトをスパナで締め付ける場合を考えると、「締付けトルク」は次の大きさになります。

締付けトルク $T=$
手でスパナを回す力 F × ボルト中心から力が作用する点までの距離 L

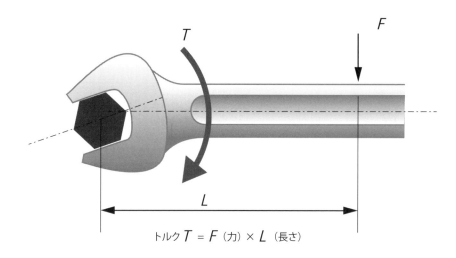

図2・3 締付けトルク

図2・3のようにスパナでボルトを締め付ける場合を考えます。ボルト中心からの距離 $L = 300$mm(0.3m)の個所に力 $F = 10$kgf(約100N)をかける場合、締付けトルク T は、

$T = 100 [\text{N}] \times 0.3 [\text{m}] = 30 [\text{N·m}]$

になります。[N·m]はトルクの単位です。また、$L = 200$mmで10[N·m]のトルクをかける場合に必要な力 F は、

$T = 10 [\text{N·m}] = F [\text{N}] \times 0.2 [\text{m}]$

より、

$F = 10 [\text{N·m}] \div 0.2 [\text{m}] = 50 [\text{N}]$

となります。

●スパナを使うときの注意点！！
① L は「スパナの長さ」ではない

　L は「スパナの長さ」ではなく、「ボルト中心と力を加える点の間の長さ」です。この点を間違えないようにしてください。そこで、同じスパナを使っていても、手を添える個所を変えれば L が変わるので、トルクを自由に調整できることになります。

② トルクにはボルトによって適正値がある

　トルクとは「力×長さ」ですから、力を加える点をボルト中心から離せばよいと考えがちです。極端に言うと、パイプをスパナに取り付けて回せば、パイプの長さの分だけ簡単に大きなトルクが得られます。

　しかし、ボルトにはそれぞれ適正な締付けトルクがあり、ボルトの呼び径や材質によってそれぞれ適正な数値が決まっています。それ以上に過剰なトルクを加えると、ボルトは折損してしまいます。一般的に、スパナの長さはボルトに適正な締付けトルクがかけられる長さに設定されており、それ以上の長さは危険ということになります。

【例】乗用車のホイールナットの規定トルク値の多くは103N·mとなっており、ホイールナット用のトルクレンチは全長400mm程度です。400mmのレンチを使って103N·mのトルクで締め付ける場合、必要とする力は257.5N（約26kgf）になります。この力は、一般的に大人が軽く体重をかける程度（腰を落とす程度）のものです。

Column
トルク値の重要性とボルト締結のメカニズム

　スパナにトルクを加えてボルトを締め付けると、被締付け材の抵抗によってボルトが伸びます。これは鋼製のボルトには弾性があるためです。

　一方、伸びたボルトは、バネのように伸びた長さ分元に戻ろうとします（図2・4）。このように復元力が働いて、被締付け材を強固に締め付けるのです。

　そこで、締付けトルクが大きすぎると、ボルトの伸びが許容値を超えて破断してしまいます。輪ゴムに力を加えすぎるとちぎれるのと同様です。また、ボルトが破断しなくても、被締付け材が復元力に負けて先に壊れてしまうこともあります。

　適正なトルクで適正な締付け力がボルトに作用した状態では、引っ張られて伸びようとする力と、戻ろうとして締め付けるものを圧縮する力のバランスがうまく取れています。

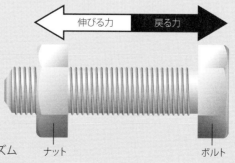

図2・4 ボルト締結のメカニズム

2 切断工具と作業効率

1 ボルトクリッパ

ボルトクリッパは、ボルト形状の鋼棒を切断する際に用います（上下同形状の厚刃で圧して切断する）。一般に、2回の「てこの原理」を組み合わせたレバー比により、ハンドル末端に加えた力が、刃先では30〜50倍の力となります。この力で太い径の鋼材を簡単に切断できるのが特徴です。

> ボルトクリッパはてこの原理による倍力を利用して、
> せん断をする工具である

●てこの原理

人間の手の力だけでボルトが切れるのは、倍力機構というしくみが使われているからです。そのもっとも簡単な例がはさみです。はさみはてこの原理を応用したもので、図2・5のように倍力機能を発揮します。

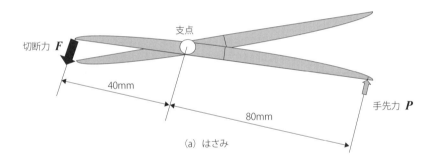

(a) はさみ

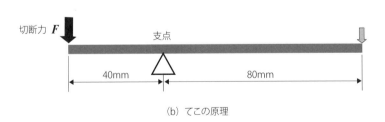

(b) てこの原理

図2・5 てこの原理を応用したはさみ

図2・5では、支点に関するモーメントの釣合いから、

$$40F = 80P$$

となります。よって、

$$F = (80/40) \times P = 2 \times P$$

つまり、切断力Fは手先に加えた力の倍になります。

ボルトクリッパは、さらにてこを2段にしています（**図2・6**）。2段なので、支点に関するモーメントの釣合いから、

$$F = (80/40) \times (300/15)P = 40 \times P$$

となり、切断力Fは、手先に加えた力のなんと40倍にもなるのです。

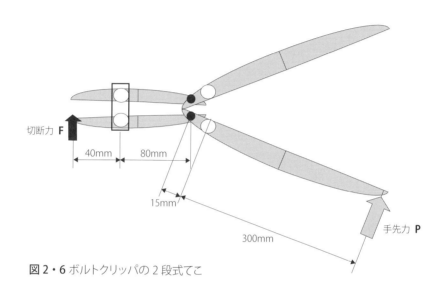

図2・6 ボルトクリッパの2段式てこ

● せん断仕事

刃でボルトをはさみ込んで切断するしくみをせん断と言います。**図2・7**のようにボルトを斜めに抱え込んで切断しようとすると、ボルトの軸方向に分力が生じ、その分だけ切断力Fは少なくなります。また、この分力は刃先を折る作用をするので、ボルトが切れず、刃が破損してしまう場合もあります。

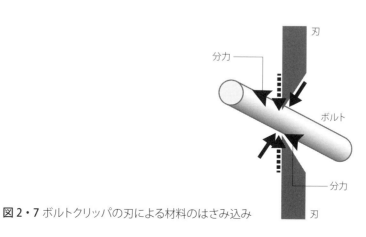

図2・7 ボルトクリッパの刃による材料のはさみ込み

3 把握工具と作業効率

1 万力

　万力は材料の加工・成形などの作業をする際に、材料を強い力ではさみ込んで固定する工具です。一般的には、工作機械用万力（マシンバイス）を指すことが多いようです。日本工業規格では、JIS B 6162 で定められていましたがその後廃止され、現在は日本工作機器工業会規格 TES2201：2005に規定されています。

　作業の種類では、切削や研磨、切断などの作業中に、材料が動かないように被加工材をはさみ込んで固定する工具です。

　図2・8のように、ハンドルを回すとねじが進んで固定します。ねじ先端のブロックが被加工材を回し、材料素材の強度を超えた圧力を加えると破損してしまうため、適宜力の加減が必要です。

万力のはさむ力は、手の力の100倍にもなるので、材料の変形に注意

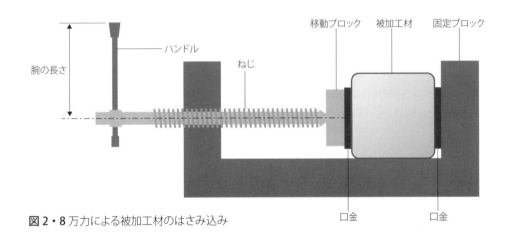

図2・8 万力による被加工材のはさみ込み

　図2・8でハンドルを回すとねじが進み、移動ブロックが被加工材を固定ブロックに押し当てた瞬間から、被加工材には圧縮される力がかかります。

　では、いったいどれだけの力がかかるのでしょうか。ねじの締付けでも説明したように、締付けトルクはハンドルの腕の長さLとハンドルの先端に加えた力Fの積となります。一方、締付けトルクTと 被加工材をはさみ込む力すなわち締付け力Fの間には以下の関係があります。

$$T = kdF \cdots\cdots (1)$$

式(1)において、dはねじの直径、kはトルク係数です。

実際に**図2・8**の被加工材に及ぼされるねじの押付け力は、ねじの表面粗さやピッチなどによって変わってきます。これらの不確定要素を考慮したものがトルク係数です。kは一定ではなく、0.15から0.2が一般的な値です。

今、被加工材が移動ブロックと固定ブロックの間にはさみ込まれたので、しっかりと固定するために、ハンドル上の長さ$L = 200$mmの位置に、$F = 22.4\text{kgf} ≒ 220\text{N}$の力を加えて回したとします。このときの締付けトルクは、

$$T = 220 \times 200 = 44000 \text{Nmm} = 44 \text{Nm}$$

となります。ねじはM10で、$k = 0.2$とした場合のはさみ力Fは、

$$F = T/kd = 44[\text{N·m}]/0.2 \times 0.01[\text{m}] = 22000[\text{N}]$$

となります。締付けトルクの500倍、ハンドルに加える力の100倍となっていることがわかります。これは前述の倍力機構であることも理解できるでしょう。パイプなどのように潰れやすい被加工材をつかむときには、十分に加える力を加減する必要があることがわかります。

そこで、マシンバイスで被加工材を固定する場合に重要な点は以下のとおりです。

①ハンドルをハンマで叩かない

過剰なはさみ力で被加工材が変形したり、傷がつく恐れがあります。もし機械加工で切削力に耐える十分な力で工作物を固定したい場合には、手の平で叩いて最後の締付けを行います。

②マシンバイスの口金を傷つけない

未加工の被加工材を固定する場合には、銅板を使用して、マシンバイスの口金を傷つけないようにします。

4 工具の強度と破壊

1 六角棒レンチの強度

　ねじを締め付けるときには、六角棒レンチなどにトルクを加えて回し、止まったところで、念のためにグッとトルクを加えるでしょう。このとき、六角棒レンチが曲がったことを感じる場合も多いはずです。

　細長い締付け工具にトルクを加えると、工具内に「曲げ応力」が生じます。これが大きすぎると変形して、元に戻らなくなります。この極限の応力を「弾性限度」といいます。

　さらに力を加えると工具は折れてしまいます。工具が折れないために許される最大応力を「許容応力」といいます。

　また、何回もトルクを加えたり緩めたりを繰り返していると、突然ポキンと折れてしまうことがあります。許容応力を超えるような締付け方はしていないつもりでも、何回も繰り返しトルクを加えていると「疲労」という現象が生じ、許容応力よりも低い応力でも折れてしまうのです。疲労で折れる寸前の応力を「疲労限度」といいます。そこで、ハンマなどで工具の先端を叩いて締め付けるなどは絶対にしないでください。

　この関係は、以下のとおりです。曲げ応力以下で使用するようにしましょう。

　　　曲げ応力 ＜ 弾性限度 ＜ 疲労限度 ＜ 許容応力

　一般的に、締付け工具の先端部を握ってトルクを加えると、適切な締付けトルクが得られ、工具内応力も弾性限度に収まるはずです。つまり、次のような使い方が大切です。

工具は叩かず、無理せず、自然な力で

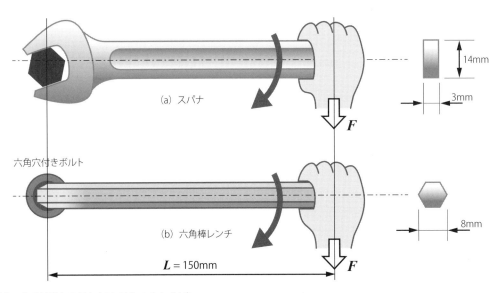

図 2・9　締付け工具に加わるトルクと曲げ

曲げ応力σは、次の式で求められます。

　　　曲げ応力σ ＝ 締付けトルク T ÷ 断面係数 Z

断面係数Zとは断面の形状によって異なる値であり、**図2・9**でM10のボルトを締め付ける場合を考えると、**図2・9（a）**のスパナの場合が、

$$Z = 98\,[\mathrm{mm}^3] = 98 \times 10^{-9}\,[\mathrm{m}^3]$$

図2・9（b） 六角棒レンチの場合が、

$$Z = 53\,[\mathrm{mm}^3] = 53 \times 10^{-9}\,[\mathrm{m}^3]$$

となります。また**図2・9**の場合に締め付ける力を100〔N〕とすると、トルクの値Tはどちらも同じで、

$$T = 100\,[\mathrm{N}] \times 0.15\,[\mathrm{m}] = 15\,[\mathrm{N \cdot m}]$$

になります。そこでスパナと六角棒レンチに加わる曲げ応力σは、

・スパナの場合　　$\sigma = 15\,[\mathrm{N\cdot m}] \div 98 \times 10^{-9}\,[\mathrm{m}^3] = 153\,[\mathrm{MPa}]$

・六角棒レンチの場合　$\sigma = 15\,[\mathrm{N\cdot m}] \div 53 \times 10^{-9}\,[\mathrm{m}^3] = 283\,[\mathrm{MPa}]$

となり、同じトルクを加えても六角棒レンチにはスパナの約2倍の曲げ応力が生じることがわかります。そこで、同じサイズのねじを締め付ける場合であっても、六角棒レンチはスパナよりも曲がりやすく、折れやすいということに気をつけなければなりません。

目安として、**図2・10**のθを管理する方法があります。**図2・10**は締付け工具にトルクを加えた状態を1本の梁（はり）の先端に力を加えた場合にたとえたもので、片持ち梁といいます。片持ち梁は曲げられて、θのたわみ角を生じます。このたわみ角θの許容値が工具メーカーから示されています。たとえば、以下の数値がたわみ角の限界値となります。

　　　M4の場合：θ = 35°
　　　M5の場合：θ = 32°
　　　M6の場合：θ = 25°

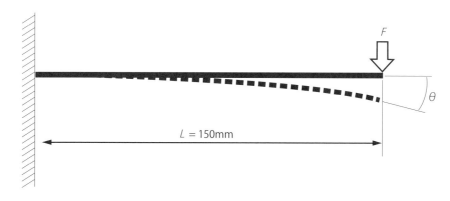

図2・10 片持ち梁

2 ニッパなどの刃の強度と刃こぼれ

　ニッパなどで線材を切断するときに、線材が硬く太いので切れるかどうか心配な場合も多いものです。また、線材が硬いときには、思わずひねって切ろうとすることもよくありますが、これが原因となって刃こぼれが生じてしまいます。

　図2・11のように、刃が線材を切断する際には、刃先に応力を生じます。応力σは、

　　　　σ ＝ 切断力 ÷ 刃先の面積

となりますが、線材に接する刃先の面積が幾何学上ゼロとなることから、応力σは∞になります。実際には、線材の方が刃より軟らかく変形するので、線材に接する刃先の面積は有限になりますが、線材を切る刃の1点には大きな応力が発生していることに間違いはありません。

　ニッパの刃には、炭素工具鋼SK7や機械構造用炭素鋼S55Cなどの硬い材料が使用されています。線材が硬い場合には刃先の応力もかなり大きな値となり、刃先の許容応力を超えてしまうと刃こぼれが生じます。

　実際には刃先は熱処理されており、線材との強さの比較は硬度で表されます。ニッパの刃先にはHRC 50前後の硬さがありますが、ピアノ線の硬さはHRC 50以上、ステンレス（SUS304）の硬さはHRC 45以上であることから、これらの線材をニッパで切ると刃こぼれを起こす可能性があるのです。

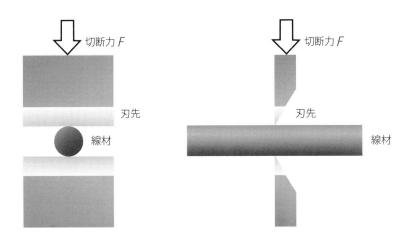

図2・11 線材に接する刃先の状態

図2・12（a）のように線材をひねりながら切ると、**(b)** のようにひねりによるモーメントが発生します。モーメントはねじを回すトルクと同じで、加えた力×支点からの距離で計算できます。トルクとモーメントは同じ「回転力」ですが、回転角度で言葉を使い分けます。一般的に360°以上の回転の場合はトルク、360°以内の場合はモーメントと言います。

　さて、**図2・12（b）**のように刃先線材に食い込んでここが支点となってひねりが加えられると、刃先の支点に近いほど大きな曲げ応力が生じます。加えて刃先は熱処理されて硬く脆い状態なので、刃先が曲げモーメントに負けて折れることもあります。さらに何回もひねりを加えていくと、曲げ応力が前述の「疲労限度」を超えて、刃が折れることもあります。

　ニッパを使用する際は、まず切断可能な材料や大きさを検討し、ムリをせずにつかむ力だけで切断可能な範囲で真っ直ぐに切ることがポイントです。

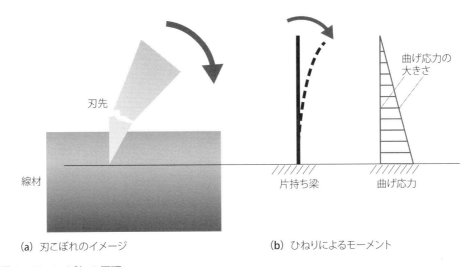

(a) 刃こぼれのイメージ　　　　　(b) ひねりによるモーメント

図2・12 刃こぼれの原理

相手（径や材料）を知り、己（自分の力）を知る

2 フレキシブルな工具の使い方

作業の効率化と負荷の低減

① 手の届かない場所での作業の工夫「猫の手」

1 ソケットレンチ

　かゆいところに手が届くためには、さまざまな工夫が必要です。「猫の手」はそのためのアイデアですが、実際の猫の手のように、長く伸ばして曲げ、引っ掛けてねじを回す工具がソケットレンチで、JIS B 4636に定められています。ソケットレンチは、**図2・13**のようにさまざまなパーツ（ボルト、ナットの頭にはめるソケットやそのソケットを回すハンドル類）から構成されています。パーツを組み合わせれば、少ない工具で**写真2・1**のような狭いところでも自在な作業ができます。

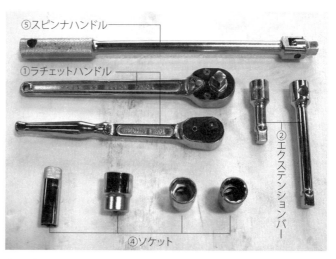

写真2・1 狭いところでの締付け

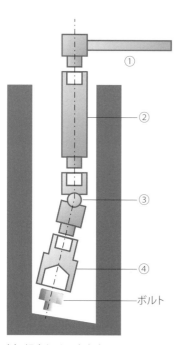

(a) 組合わせの自由度　　(b) パーツ類

図2・13 ソケットレンチの組み合わせ

JIS B 4636-1（ソケットレンチ—12.7角ドライブ）には、ソケットレンチの種類として、ラチェットハンドル、スピンナハンドル、ユニバーサルジョイント、エクステンションバーなどさまざまなパーツが規定されています。これを**図2・13（b）**に示します。

パーツの種類や数が増えるたびに、過剰なムダが生じるばかりです。いかに最小のパーツで効率よく組合わせて使うかが知恵の見せどころです。

組合わせの上手・下手が工具の保有数を決める

図2・13（b）はソケットレンチの操作に使う道具一式です。ベースとなるのは、往復操作だけで使えるラチェットハンドルです。先端に各サイズのソケット（＝コマ）を差し替えてボルトを回します。手早くボルトを締めたり、奥まった場所でも活躍するレンチです。また、**図2・14**の自在継手を組み入れることで、曲がった穴の中でも工具を挿入することができます。

では、ソケットレンチのパーツについて説明しましょう。

① ラチェットハンドル

ラチェットハンドルは、**図2・14（a）**のようにラチェット機構を内蔵したヘッドにハンドル部がついています。ラチェット機構には角形の突起（角ドライブ）が付いており、ここにパーツの角ドライブ用穴でパーツを接続します。角ドライブには一辺12.7mm（JIS B 4636-1）と6.3～25mm（JIS B 4636-2）があります。

ラチェット機構とは、**図2・14（c）**のように、方向性を持った傾きのある歯を持つ歯車とツメの引っ掛かりを利用して、逆転防止を図るメカニズムです。

(a) ラチェット機構部の外観

(c) ラチェット機構のイメージ

(b) ラチェットハンドルへのパーツの取付け

図2・14 ラチェットハンドルとラチェット機構

②エクステンションバー

　写真2・1のように、狭く奥深い個所にあるボルトを回す場合に、ラチェットハンドルとソケットの間に入れる腕です。金属製で伸縮ができないので、長短の種類が用意されており、これらを組み合わせて使います。

　「大は小を兼ねる」からと、長いエクステンションバーを使用していると、ボルト頭に垂直に立てることが困難となり、ボルトの頭を損傷したりねじ山を傷めることにもつながります。必要最小限の長さで使うように心がけてください。

③ユニバーサルジョイント

　ユニバーサルジョイントとは自在継手ともいい、「手首の関節」のような役割をします。図2・15（a）のように三次元でくるくると回るパーツです。エクステンションバーの先にユニバーサルジョイントを連結することで、傾いた面にあるボルトにもアタックできます。

　これに似た機構がスイングジョイントです。ユニバールジョイントが360度方向に回転するのに対して二次元の回転しかできません。通常は、スピンナハンドルというエクステンションバーに似た金具の先端に常備されています。

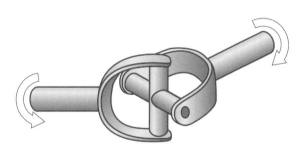

(a) ユニバーサルジョイント　　　　　　　　(b) スイングジョイント

図2・15 ユニバーサルジョイントとスイングジョイント

④ソケット

　ソケットは、猫の手のツメの部分だといえます。写真2・2（a）のように、段付き円筒の片側に角ドライブ用穴、他方にボルト頭を入れる穴があります。ボルト頭を入れる穴には写真2・2（b）のように六角穴と十二角穴の2種類があります。

　六角穴ソケットは、強度が高いので消耗は少ないのですが、ボルト頭が見えないとはめにくいという欠点があります。また、十二角穴ソケットは、奥深いボルトに対して手探りでもとらえやすい半面、「なめり」の繰返しによる摩耗があります。それぞれ作業個所の条件によって選択してください。

伸張棒（エキステンションバー）

　奥まった位置にボルトがあり、ハンドルとソケットの組み合わせでは届かないときに、

(a) ソケットの外観　　　　　　(b) 六角ソケットと十二角ソケット

写真2・2 ソケットの外観と穴形状

その間に使って延長するアダプターです。標準的なセットには2、3種類の伸張棒が含まれています。長くするほどボルトの回転軸に対して斜めになり、ボルトの頭をなめる可能性が高まるので、必要最小限の長さで使うことが必要です。

伸張棒の長さは必要最小限に留める

⑤スピンナハンドル

ハンドルの一種ですが、一端にスイングジョイントを有しており、**写真2・1**のような奥深い個所にあるボルトの締付けなどに使用します（**図2・16**）。

大きな回転半径を利用してトルクを十分にかけられますが、難点はスパナと同様360°平行へ回す必要があるので、回転スペースがなく狭い角度で回転とはめ換えを繰り返すと締付けがあいまいになります。そこで、まずラチェットハンドルで大きなトルクで仮締めした後に、めがねレンチにより確実に締め付けるようにします。

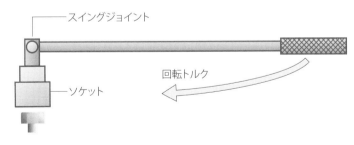

図2・16 スピンナハンドル

２ １本で多種類作業に対応する工夫

１ バイスプライヤ

　写真2・3はベルトサンダ（JIS B 6546）でアルミ板の端面を研削しているところです。**写真2・3（a）**はニッパでアルミ板を把持していますが、ベルトの勢いに負けてニッパを握る力が緩むとアルミ板が飛んでしまい、とても危険です。この作業の場合に肝心なのは、たとえ手の力が緩んでも板の把持力が維持されることです。まさに、

一度噛んだら離さない

ことが要求されます。それに応えるのが**写真2・3（b）**のバイスプライヤという工具です。外観を**写真2・4**に示します。

（a）ニッパで工作物を把持

（b）バイスプライヤで工作物を把持

写真2・3 安全作業と危険作業

（a）閉じ姿

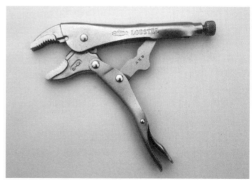

（b）開き姿

写真2・4 バイスプライヤ

では、握る力が緩んでもどうして工具の把持力は維持されるのでしょうか。この秘密はトグルのメカニズムにあります。トグルのメカニズムとは、工作物をはさんで固定する図2・17（b）のトグルクランプという治具が持つ一種の倍力機構のことです。手でパチンとレバーを倒すだけで、理屈としては無限の押さえ力が発生するという原理です。

　図2・17（c）は、トグルクランプやバイスプライスが共通に持つ倍力原理を線図で表したスケルトン表示です。AB～CDはトグルクランプやバイスプライスの部品単体を表します。まず、両者は部品点数とそれらを連結するピンの数が同じであることがわかります。図2・17（c）の右のスケルトンは、トグルクランプやバイスプライヤが閉まって工作物を把持した状態を表します。工作物が外れようとする反力⇧は、DA、DCBの方向に分散されますが、DCBは2部品が直列に連結された状態なので反力がどのように大きくても部品単体が破壊されない限り、負けることなく押さえ（把持）力を保つことになります。

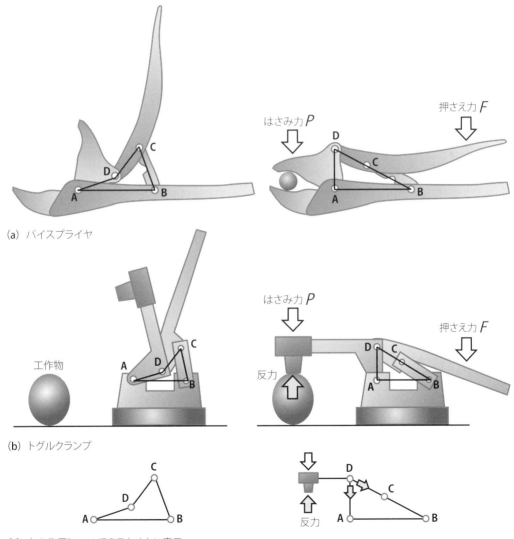

(a) バイスプライヤ

(b) トグルクランプ

(c) 力の作用についてのスケルトン表示

図2・17 トグルクランプやバイスプライヤが持つ倍力原理

そこで**写真2・3（b）**のように、作業で把持力が保持できるバイスプライヤの使用が安全上も必要です。また、被溶接材を固定しておく場合にも多く利用されています。溶接作業で稼動部のあるマシンバイスを用いると使用場所も限られてくるし、固定ブロックの移動機構などを熱で損傷させてしまいます。そこで、移動可能で耐熱性がよく、つかんだら離さないバイスプライヤがうってつけなのです。

バイスプライヤの用途は、そのほかにも**写真2・5**のようなボルトの締付け・緩め、線材の曲げや切断があります。しかしこれらはあくまで付属用途であり、それぞれ専用工具の使用が好ましいのはいうまでもありません。たとえば、ボルトの締付けは仮締めならば可能ですが、本締めやボルト頭に傷がつくのを避ける場合には、めがねレンチなどを使用してください。

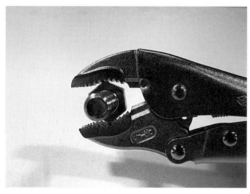 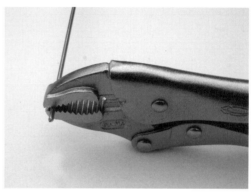

（a）ボルトの仮締め・緩め　　　　　　　　　　　（b）線材の曲げや切断

写真2・5 バイスプライヤの用途

このようにバイスプライヤは便利で確実な工具ですが、素人が使うとせっかくの把持機能が得られず、失敗することがあります。「生兵法は大ケガのもと」といわれるとおり、

使い方は習って慣れろ

が必要です。**写真2・6**にバイスプライヤの構造を、**写真2・7**に使い方を示します。

まず、**写真2・7（a）**のようにバイスプライヤの柄に付いている調節ねじを回して、被把持材の大きさに合わせて把持部顎の幅を変えます。そして被把持材を把持部顎に入れた後に、柄をしっかりと握り締めます（**b**）。ここで被把持材が固定されたことを示すカチンという音を確認します。このとき、調節ねじの締め具合が不足していると、被把持材と顎との間にすき間ができてしまい、**図2・17**の原理が働かず、しっかりとした把持力を得ることができません。また、過剰であると材料を傷つけるおそれがあります。うまくいかなければ、必ず調整ねじの合わせからやり直します。

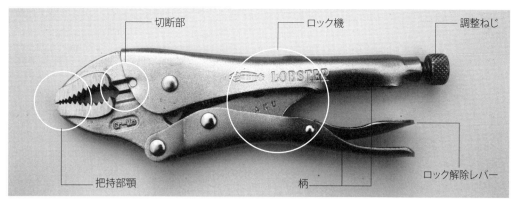

写真2・6 バイスプライヤの構造

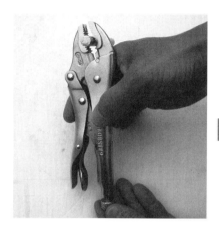

(a) 調整ねじを回して、把持材の大きさに合わせて把持部顎を広げる

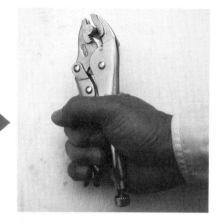

(b) 手で柄をしっかり握って把持。カチンという音と手ごたえを確認

把持動作

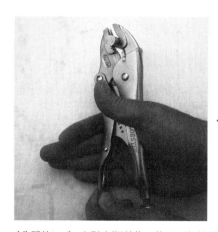

(d) 開放レバーを引く（把持物の落下に注意）

(c) いったんハンドルから手を離す（開放時のポイント！）

開放動作

写真2・7 バイスプライヤの使い方

ここがポイント!!

調節ねじを締め過ぎると材料を傷つけるおそれがある

次に、開放するときには（c）のように、いったん手を柄から離してから（d）のように開放レバーを引きます。その際、柄を握ったままで開放レバーを引きがちですが、これでは開放がうまくいきません。また、落下してくる被把持材で手を傷つけることもあるので注意が必要です。

3 作業の負荷低減の工夫

1 インパクトドライバ

　メンテナンスなどでもっとも手間を取るのが、ボルトなどのねじ部品が錆や焼付きなどで固着してしまって緩まない場合です。工場では、通常のスパナにパイプなどを取り付けたり、スパナ端をハンマーで叩いたりして苦心しているさまを見かけますが、これらはねじ部の損傷や変形を伴って、逆効果となることもあります。

　ねじが緩むもっとも大きな原因は衝撃力と振動です。これを工業的にうまく利用した工具がインパクトドライバです。インパクトドライバは衝撃的な回転トルクを与えることで、頑固なねじを締めたり緩めたりする工具です。締付けと緩めの選択は、グリップ先端のリングを操作して行います。インパクトドライバは、**写真2・8（a）** の電動式、（b）の手動式の2種類がありますが、原理は同じです。

(a) 電動式

(b) 手動式

(c) ラチェット式機能付き手動式インパクトドライバ

写真2・8 インパクトドライバ

　打撃力を与えると、前述のとおりドライバで緩める場合に、ドライバの浮上がりを防止する強い押し力（押し力7、回し力3が必要）が確保できるために有利です。手動式には、作業の効率を考えた**写真2・8（c）** のラチェット機能付き手動式インパクトドライバもあります。回した握り部を戻しても先端部は一方向に回転するので、作業性が良いとい

う特徴があります。

基本的な原理を**図2・18**に示します。インパクトドライバでもっとも特徴的なのは、ハンマなどで（手動の場合）与えた打撃力を回転力（回転トルク）に変換する、つまり、

叩いて回す

ことです。**図2・18（a）**のように回転円盤の一部に設けた切欠きにくさび状のくいを打ち込むと、くさびの傾斜部分が円盤を押すことによって、円盤が回転します。

これを力学的に考えると、**図2・18（b）**のようにハンマなどで与えられた打撃力Fは、くさびの斜面から円盤に伝わる際に、切欠き壁に沿う力F_V（押し力）と円盤の円周方向の力F_H（回転力）に分かれます。そして**図2・18（b）**において状態i～状態iiiを通じてくさびが円盤の切欠きを通過することで円盤はくさびの上面の幅bに相当する角度分だけ回転することになります。

では、**図2・18**において、押し力7、回し力3を実現するためには、くさびの先端角度θをいくらにすればよいでしょうか。

$\tan\theta =$ くさびの幅b ÷ くさびの高さh = 7 ÷ 3 = 2.33

となるので、この式からθを計算すると、$\theta = 66.8°$となります。

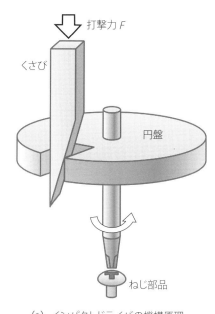

（a）インパクトドライバの機構原理

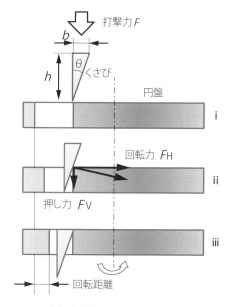

（b）打撃力→回転力の変換原理

図2・18 打撃力を回転力に変えるしくみ

叩いて回る？　この不思議なメカニズム

さて、実際のインパクトドライバは図2・18の原理を応用して図2・19のようなしくみになっています。図2・19(a)のように、ハンマで叩いた衝撃力はインパクトドライバ内部の打撃部先端玉に伝わります。

玉は角度θで回転部にあるらせん状の溝にはまっているので、打撃力Fは図2・19(b)のように回転力$F\sin\theta$とねじを押す力$F\cos\theta$に分割されます。もし溝角度$\theta = 45°$で打撃力Fが20kgfであるならば、14kgfの回転力、ねじ押し力になり、ドライバ先端がねじ頭の溝にしっかりと食い込むので、ねじ溝を壊すことなく緩めることができます。

電動式の場合のメカニズムの原理は基本的には手動式と同じですが、手で打つハンマによる打撃の代わりに主軸部に、打撃を発生させる部品が内蔵されています。

手動式インパクトドライバでもっとも重要な基本は、

中心線に沿って打撃を加える

ことです。これは普通のドライバ作業やハンマによるクギ打ち、ポンチによる刻印すべてに共通する極意です。簡単なことではありますが、仕上がりに直接影響します。握り部の中心線から外れて打撃を加えるとドライバが傾いてねじの小穴に入り、大きな力で小ねじの十字穴やねじ山本体を崩してしまいかねません。

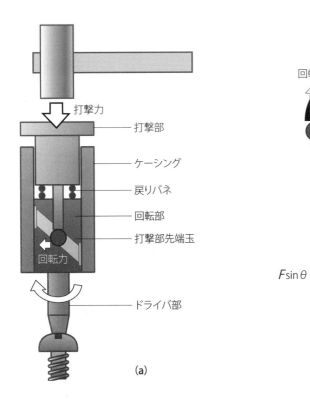

図2・19 インパクトドライバの機構概念

4 計りながら作業をする工夫

　工具を使用する作業では、必ず計測が伴います。たとえば、複数の線材をすべて同じ長さに切りたい場合、クランプ圧を一定にしたい場合などでは、工具での加工とともに、定規やダイヤルゲージでの測定を交互に行うのが普通です。

　しかし、作業効率や加工目標の厳密な管理が要求される場合には、計測しながらの加工が必要になる場合があります。適正な締付け力を確保する場合や、複数の水平基準線が正確に平行になるようにケガキたい場合などです。前者には、回転トルクを測定しながらねじ締めが行えるレンチが、後者には、位置を測定しながらマーキングできるハイトゲージがあります。

1 トルクレンチ

　すでに説明したとおり、ボルトには適正な締付け力が必要です。この適正締付け力を数値で管理するのがトルクレンチで、**写真2・9**のシグナル式トルクレンチと**写真2・10**の直読式トルクレンチがあります。

　シグナル式トルクレンチは、まず設定ノブでトルク値を設定して締め付けていき、設定値に達すると「カチッ」という音がして手に感触が残ります。しかし、設定トルク値までは締付けの経過がわからず、耳と手の感触でトルク値を知ることになるので、慣れが必要です。直読式トルクレンチは、ビームのたわみをそのまま目盛り板で読み取る仕組みになっており、設定トルク値までの経過が目盛りで目視できるので、力を加減しながらのトルク管理が可能です。

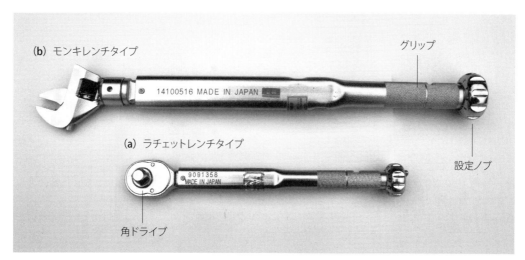

写真2・9 シグナル式トルクレンチ

　次にシグナル式トルクレンチと直読式トルクレンチの測定原理を**図2・20**を用いて説明します。

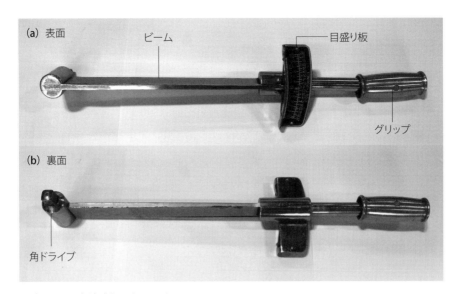

写真2・10 直読式トルクレンチ

①シグナル式トルクレンチ

図2・20(a)-1において、バーの端の調節ねじを回してバネをxだけ縮めるとA点に上向きの力$f=kx\cos\theta$（k：ばね定数）が作用します。
このxは、設定したい締付けトルク$T_0=F_0L$から

$$x = \frac{F_0 L}{L_1 k \cos\theta}$$

で決まります。

図2・20(a)-1でトルクレンチを回す力をとすると、$F \leq F_0$の範囲ではレンチ部とレバー部は一体で回転します。そして$F > F_0$となったときに図2・20(a)-2のようにコマがレンチ部をはずれ、カチンと音がしてトルクが設定値以上になったことを知らせてくれます。

②直読形トルクレンチ

トルクレンチのバーに手で力Fを加えるとバーは図2・20(b)のようにδ mmたわみます。このたわみδは、

$$\delta = \frac{FL^3}{3EL}$$

で表されます。ここでEは縦弾性係数、Iは断面係数で、それぞれ材料と断面の形状で決まる定数です。上の式は、

$$F = \frac{3EI}{L^3}\delta$$

と変形できることから、トルクTは

$$T = FL\frac{3EI}{L^2}\delta = K\delta \quad (Kは定数)$$

となり、たわみδに比例することがわかります。そこでバーのたわみの位置に図2・20(b)

のようにたわみδをトルクTに換算した目盛りを付けておくことで、手で加えているトルクの値が読み取れることになります。

シグナル式トルクレンチには**写真2・9**のようにモンキレンチタイプとラチェットレンチタイプがありますが、モンキレンチタイプには独特の工夫がしてあります。

図2・21（a）はモンキレンチタイプのトルクレンチ（下）と普通のモンキレンチ（上）を比較した写真です。外観は似ていますが、両者には大きな違いがあります。普通のモンキレンチでは**図2・21（b）**のように、加えるボルトのサイズによって口径部の口開き寸法が変わります。しかし、トルクレンチとしてトルクTの数値を出すには、$T = F \times L$（Fは締付け力、Lはねじの中心から力の作用点までの距離）において、Lがボルトのサイズによらず一定である必要があります。

そこでモンキレンチタイプのトルクレンチでは、**図2・22**のようにボルトサイズが変わってもLが一定になるように顎の構造を工夫しています。

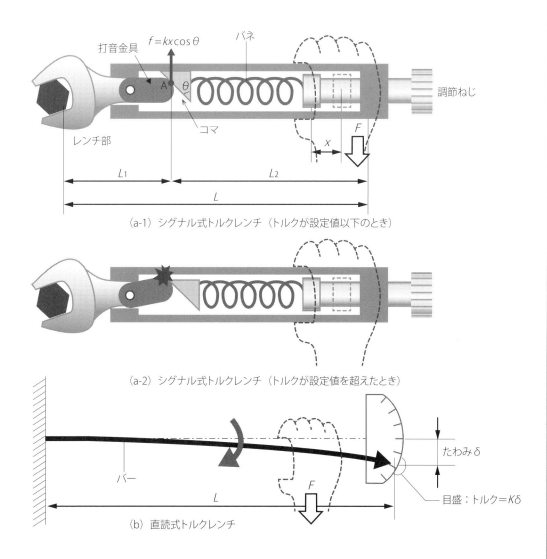

図2・20 トルクレンチの原理概念

(a) モンキレンチ（上）とモンキタイプのトルクレンチ（下）

(b) 口部の開き寸法により生じるねじ中心位置の違い

図2・21 モンキレンチとモンキタイプのトルクレンチとの違い

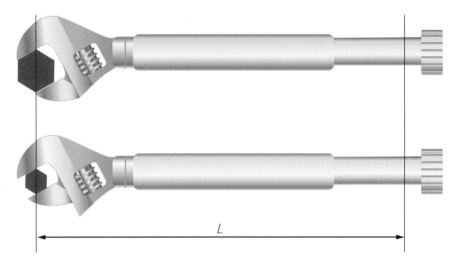

図2・22 ねじ径によらず L を一定にするための工夫

2 ハイトゲージ

　材料を工作機械で削ったり穴あけする場合には、位置決めのケガキ線を材料に入れます。このケガキ線の精度によって、最終的な工作物の品質が決まるといわれるほど重要な作業です。通常はスコヤや定規とトースカンなどでケガキ線を入れますが、平行線を何本も精度よくケガく場合には、目盛りとケガキ工具が一体になっているハイトゲージを使います。ケガキ用の刃部と目盛り部が接近しているので計りながらの効率のよいケガキ作業が可能です。

多くの線を同一精度でケガく場合にはハイトゲージが効率よい

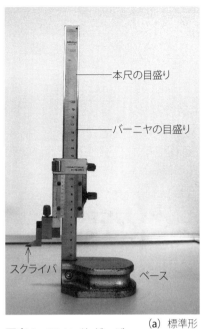
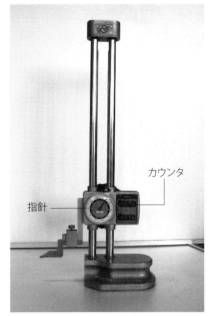

(a) 標準形　　　　　　　　　(b) ダイヤル目盛り形

写真2・11 ハイトゲージ

　ハイトゲージの構造や種類は、JIS B 7517：1993（ハイトゲージ）に規定されています。JISに規定されているのは、本尺目盛りとバーニヤ目盛りによる読取り、本尺目盛りとダイヤル目盛りと指針とによる読取り、カウンタによる読取り、電子式デジタル表示による読取りの4種類で、それぞれ微動送りがあるもの、ないものが規定されています。実際には、これらの種類を組み合わせたものも市販されているようです。

　写真2・11(a) は本尺目盛りとバーニヤ目盛りによって読み取る標準形、(b) はダイヤル目盛りと指針による読取りにカウンタが付いたハイトゲージです。

　ハイトゲージには、本来測定器としての役目もありますから、精密な寸法の読取りが可能で、それを活用することが使用のポイントになります。まず、ハイトゲージのベースは定盤の上に設置することで、測定の基準点を確保します。被ケガキ材に平行線をケガく場合には、基準点からのスクライバの高さに精度を確保する必要があるので、**写真2・12(a)** のように定盤の上に置いたVブロックなどのように精度が保証されている台の上に載せて、正確な位置にケガキ線が描けるように設置します。このとき、被ケガキ材やハイトゲージのベースは手でしっかりと押さえて、ケガキ中に被ケガキ材が動いたり、ケガキ線がぶれたりしないように気をつけます。

　写真2・12(b) のような使い方では、

誤差は累積する

ので、正しい位置にはケガキ線を入れることができません。

写真2・12（a）では、被ケガキ材の支持としてVブロックではなく汚い木材を使っており、被ケガキ材を手で押さえてもいないので、図2・23のようなケガキ位置の誤差を生じることが懸念されます。図2・23によると、

　ケガキ位置の誤差 ＝ a：定盤の上のホコリによる誤差 ＋ b：支持面傾斜による誤差 ＋ c：支持面の粗さによる誤差 ＋ d：木屑やゴミによる誤差 ＋ e：被ケガキ材の据付け位置不良による誤差 ＋ その他の誤差

となります。

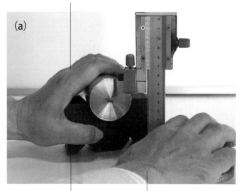
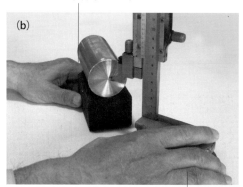

写真2・12 ハイトゲージの使い方

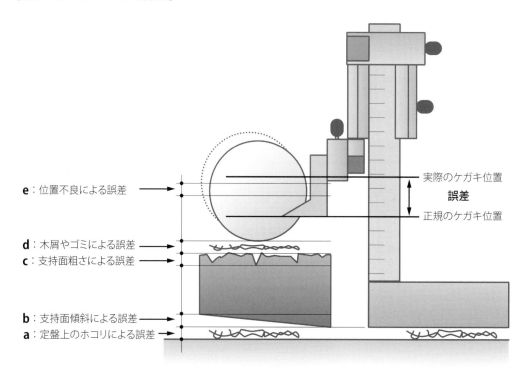

図2・23 誤差の累積の概念

3 知っていますか？工具の使い分け
混同しがちな工具の機能と特徴

1 レンチ類の使い分け

差込み形レンチ（モンキレンチや片口スパナなど）もはめ込み形レンチ（めがねレンチなど）も、同じねじ締め（緩め）用の工具で、機能も使い方もまったく同じと考えがちです。しかし、次の鉄則があります。

差込み形レンチは仮締め用
はめ込み形レンチは本締め用

差込み形レンチはくわえ込みの先端が開放されており、横方向から挿入できるので、配管などのようにはめ込み形レンチが使えないところには便利です。しかし、ボルト頭やナットの側面（二面　JIS B 1002）とスパナのくわえ部との間にすき間があるので、**図2・24（a）**のようにスパナとボルト頭の接触部分（図中の丸点線）に力が集中し、ボルト頭を傷めることがあります。とくに**図2・25**のような使い方をしたときに顕著で、本締めには向きません。

一方、はめ込み形レンチは**図2・24（b）**のように6ヵ所の凹部（図中の丸点線）でボルト頭の角がはまり込むので、差込み形スパナよりも大きな回転トルクをかけることができます。また、6ヵ所の凹部で均等に応力を分散するので、ボルトに安定した力が作用します。

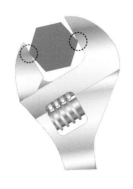 

(a) スパナで締める場合　　　　　　(b) めがねレンチで締める場合

図2・24 スパナとレンチ、くわえたときにボルト頭に生じる力

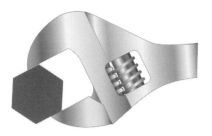

図2・25 スパナに集中力が加わるよくない使い方

　そこで差込み形レンチは仮締め用として、はめ込み形レンチは本締めに用として区別して用いられます。

2 ニッパとペンチの使い分け

　ニッパもペンチも線材の切断で混同して使ってしまいがちですが、ここにも使い分けがあります。決定的な違いは、

> **ペンチははさむ工具**
> **ニッパは切る工具**

ということです。ペンチの先端は**写真2・13（a）**のように工作物を把持するためのギザギザがついており、これがペンチの最大の形状的な特徴です。一方、ニッパにはペンチのようなギザギザがなく（**写真2・13（c）**）、鋭い刃だけがあります。この形状的な違いからも、ニッパとペンチの使い分けが理解できます。

　また、**写真2・13（b）**のようにペンチの刃の裏には円弧状のギザギザのついた把持部があります。これも工作物をはさむものですが、この部分をスパナ代わりにしてボルト頭を回すと、ボルト頭が損傷ししてしまうので注意が必要です。

　ただ、一般的にはペンチもニッパも線材の切断に使われます。その場合にも次の使い分けがあります。

> **平らな切断面はニッパで**
> **くさび形の切断面はペンチ**

ペンチとニッパによりアルミニウム線材を切断したときの切断面を**図2・26**に示します。ペンチの刃は**図2・26（a）**のようにくさび形なので、線材の切断面は（b）のようにくさび形になります。また刃の先端部が丸いので、せん断と変形（塑性加工）による引きちぎり状の断面となります。そこで、断面には**図2・26（b）**にあるような塑性変形の特徴である縞模様や「だれ」が観察されます。

(a) ペンチの口先形状

(b) ペンチの円形把持部分

(c) ニッパの口先形状

写真2・13 ペンチとニッパの工具先端部形状の違い

　一方、ニッパの刃は**図2・26（c）**のように片方が平坦で刃先も鋭利なので、ペンチと違って切断は純粋なせん断のみで切断されます。そこで線材の切り口の片方は、**図2・26（d）**のように平らになります（アルミニウムの場合には粘りがあるため、中心部にちぎれる寸前の塑性域が直線状に残っています）。

(a) ペンチによる線材の切断

(b) ペンチによる線材の切断面

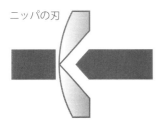

(c) ニッパによる線材の切断

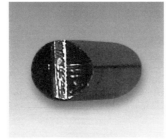

(d) ニッパによる線材の切断面

図2・26 ペンチとニッパの刃の形状による切り口形状の違い

③ 弓のこ（ハンドハクソー）とパイプカッタ

小径（4〜32mm程度）のアルミニウムや銅などのチューブや鋼製薄肉パイプを手で切断する際に迷うのが、弓のこを使うか専用工具を使うかということでしょう。基本的には、求める切断品質によります。

切り口が潰れずキレイな切断面がほしい：パイプ（チューブ）カッタ
切り口が多少潰れても切断できればよい：ハンドハクソー

弓のこ（ハンドハクソー）の刃で切断する場合には、**図2・27**のようにパイプの径半分くらい切り込んだ付近で肉厚がもっとも薄くなり、のこ刃が引っ掛かりやすくなります。また、ハンドハクソーは**図2・28（a）**のようにのこ刃でパイプを上から押さえることになるので、パイプには潰す力が加わります。このため、切り口が汚くなり、パイプも変形してしまいます。

一方、**写真2・14**のパイプカッタによる切断では、**図2・28（b）**のように切断する力はパイプの円周方向に向かうため、パイプは潰れることがありません。また他の切断工具に比べ、切粉を出さずにキレイな切断面を得ることができます。

パイプカッタは、断面が鋭いクサビ形をした刃を周囲に持つ円盤をパイプに食い込ませた状態でパイプの周囲を回転させて切断する工具であり、チューブカッタともいわれています。

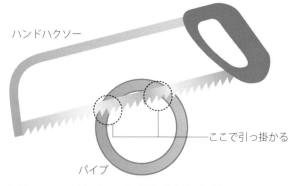

図2・27 ハンドハクソーによるパイプの切断

写真2・14 パイプカッタ

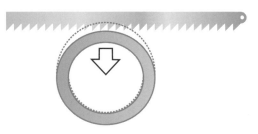

(a) 引のこによる切断

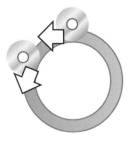

(b) パイプカッタによる切断

図2・28 弓のことパイプカッタによる切断の違い

厳密には、パイプカッタは水道管やガス管（SGP）、プラスチック（硬質塩化ビニルなど）などの切断に用いられ、チューブカッタは、主に銅やアルミニウム・プラスチック（ナイロンなど）製チューブの切断用です。

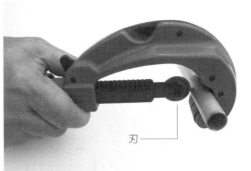 

写真2・15 パイプカッタの使い方　　　　　**図2・29** 弓のこの回し切り

　写真2・15にパイプカッタの使い方を示します。カッタホイールと管を受ける側のローラーで管をはさみ、ハンドルで押してねじを徐々に回し、カッタホイールを管に押し込みます。パイプカッタにはタイプとして2種類があり、1枚の刃と2個のローラーからなるものと、3枚の刃からなるものがあります。3枚刃のタイプは、カッタを3分の1回転往復させて使用するため、早くまた障害物でカッタを1回転できない場所での使用に便利です。

　一方、弓のこでも**図2・29**のようにパイプカッタのように刃を回転させながら切る方法もあります。この場合にはパイプの潰れは和らげますが、引っ掛かりが生じることは**図2・27**の場合と同じです。

④ E形止め輪とC形止め輪の工具

　穴または軸に加工した溝にはめ込んで、隣接する部品を固定する働きをするのが止め輪（スナップリング）です。回転機械装置でよく見かけますが、メンテナンスなどの際にどのようにして外したり取り付けるのかを疑問に思う人も多いでしょう。よく見かける止め輪は**写真2・16**のC形偏心止め輪と、**写真2・17**のE形止め輪です。前者には穴用と軸用があります。いずれもJIS B 2804（止め輪）に規定があります。工具もC形偏心止め輪とE形止め輪用の専用工具がそれぞれあります。その専用工具はスナップリング（止め輪）プライヤといい、止め輪によって次のような種類があります。

> 止め輪用工具には、C形偏心用、E形用の区別あり
> また、C形偏心用工具には穴用と軸用の区別あり

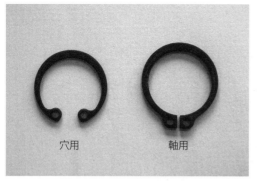

写真 2・16 C 形偏心止め輪

写真 2・17 E 形止め輪

　間違いやすいのが、C 形偏心止め輪用スナップリングプライヤに、穴用と軸用があることです（**写真 2・18**）。これは、両方の柄の間にスプリングがあるかどうかで見分けます。つまり、穴用 C 形偏心止め輪は穴に挿入するために径を縮める必要があるため、プライヤを広げて止め輪の小穴に**写真 2・18（b）**のプライヤ先端のくちばしを差し込み、両方の柄を握ることで止め輪の径を小さくします。一方、軸用 C 形偏心止め輪は、軸に挿入する際に止め輪の径を広げる必要があるため、プライヤを閉じたままで止め輪の小穴に先端のくちばしを差し込み、スプリングに逆らって両方の柄を握ることで止め輪の径を大きくします。止め輪を挿入した後はスプリングの力で両方の柄が閉まります。

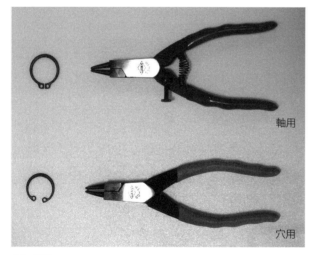

(a) 外観

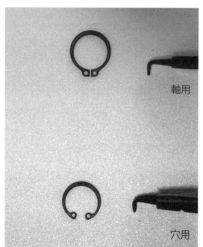

(b) プライヤ先端部

写真 2・18 C 形偏心止め輪用スナップリングプライヤ

1 C形軸用偏心止め輪用プライヤの使い方

写真2・19(a)、(b)のように、止め輪の穴にスナップリングプライヤのツメを差し込んで、柄を握ることにより止め輪を広げたり（軸用）、縮めたり（穴用）して止め輪を軸にはめ込みます。工具さえ間違えなければコツも要らない簡単な作業です。

(a) 軸用プライヤの使い方　　　　　　　　　(b) 穴用プライヤの使い方

写真 2・19 C形偏心止め輪用スナップリングプライヤの使い方

2 E形止め輪用プライヤの使い方

E形止め輪用プライヤはEリングプライヤなどといいます。C形用とは大きく形が異なり、一見普通のプライヤのように見えます。特徴は図2・30のように精密で複雑な先端部にあり、E形止め輪を挿入する際と外す際とでは、工具または同じ工具の使う個所が異なることです。

> E形止め輪用工具には取付け部と外し部がある

Eリングプライヤ（図2・30(a)）は一見普通のプライヤですが、両くちばしに驚くべきメカニズムがあります。それは図2・30(b)のように両くちばしの先端が左と右とで異なり、片方（外し部）にはE形止め輪を引っ掛けて外すためのフック（突起）が2つ付いています。また他方（装着部）にはE形止め輪をはさんで押し込むための溝が付いています。

E形止め輪を外す際には、図2・30(c)のように、プライヤ先端の片側（外し部）に設けられた2つのフックにE形止め輪を引っ掛けて引っ張ります。また、装着する際には、装着部に設けられた溝にE形止め輪をはめ込んで軸に押し当てながら装着します。

以上のように、同じ止め輪でも3種類があり、それぞれ専用のプライヤがあることに

注意が必要です。とくにE形止め輪用プライヤは通常のプライヤとよく似ており、先端部形状も柄の左右で異なることから、使い方で迷うことも多いようです。3種類の止め輪用プライヤに種類を書いたラベル、または名札を付けるなどの管理も必要です。とくに止め輪作業はいつも頻繁にあるわけではないので、作業が必要になるたびに迷ったり、間違えたり、考え込んだりしないような工夫が必要です。

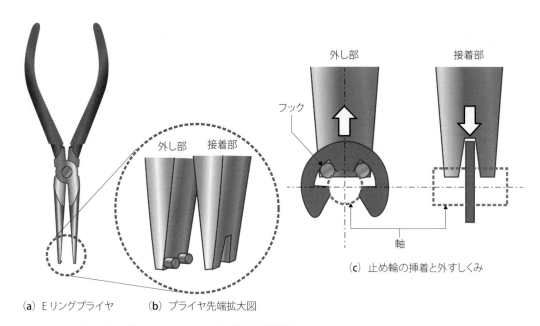

(a) Eリングプライヤ　　(b) プライヤ先端拡大図

図2・30 E形止め輪用プライヤによるE形止め輪着脱機構

第3章

写真で見る
ベテランから学ぶ工具のテクニック

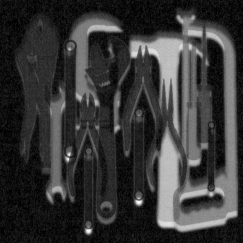

　工具、とくに手で扱う工具は素人でも簡単に扱えるので、自己流であってもあまり疑問を感じることがありません。しかし、すでに学習した工具の「原理」が存在し、原理に沿った使い方が要求されます。一方、誤った使い方をしている場合、ケガをする危険性も高くなります。握り方や握り位置などのわずかな違いによって、製作物の品質や安全に大きな影響をもたらします。本章では、作業の機能とそれに適合する工具の種類について説明し、工具選びではまず「作業ありき」の重要性を強調します。正しい使い方と誤った使い方を写真で示し、直感的に理解できるようにし、それが第2章で学んだ工具の原理にも沿うことがわかるようになっています。また工具ばかりではなく、工作のときに必要な安全用の保護めがね、安全帽子、手袋着用のタイミングなど、労働安全衛生法に規定のある作業方法についても言及します。

1 工具使いのテクニック ここがポイント!
原理・原則に沿った使い方

1 ねじを締める、緩める：ドライバ

1 ドライバの種類と形状

　ドライバは、先端部の形状によってプラス形とマイナス形に大別されます。また、特殊なものとしてソケット形があります（**写真3・1**）。それぞれのドライバの先端部は**写真3・2**に示すように、大小によって微妙に形が異なります。

　また、本体と握り部分の結合方法によって、貫通型と普通型に分かれます（**写真3・3**）。貫通型は、本体が握り部を貫通して末端まで出ています。また、ハンマで叩くとドライバが1回転する仕掛けのインパクトドライバという特殊な種類もありますが、これについては第2章の2・3で取りあげて説明しています。

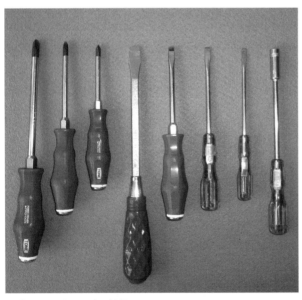

写真3・1 ドライバの種類

写真3・2 ドライバの先端

写真3・3 貫通型と普通型

> **COLUMN**
> **ドライバとねじ回し**
>
> JIS規格では、ドライバは「ねじ回し」といいます。プラス形は「＋字ねじ回し」（JIS B4633）、マイナス形は「ねじ回し―すりわり付きねじ用」（JIS B4609）と規定されています。

2 通常のねじ締めや緩め（「普通形」ドライバの使い方）

写真 3・4
ドライバはねじに垂直に

斜めに使用するとうまく力が伝わりません。ねじが軸方向にしっかり押さえ付けられていないと、ねじの溝部を変形させてしまうおそれがあります。

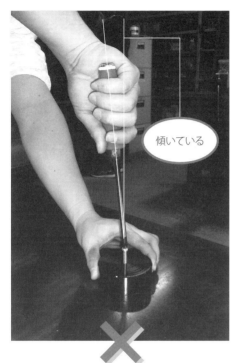
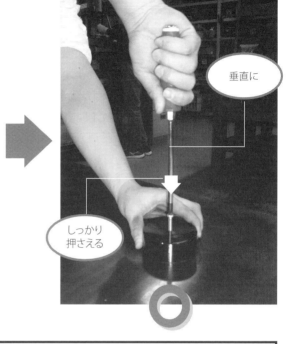

写真 3・5
ねじの穴や溝の大きさに見合ったドライバを使用

大きさが合っていないと、穴や溝を変形させてしまう可能性があります。また、ドライバ先端部の改造は厳禁です。穴や溝を傷つけたり、変形させてしまう可能性があります。

085

3 ねじが簡単に回らない場合(「貫通形」ドライバの使い方)

　錆などによって、ボルトを締めたり緩めたりすることが難しい場合は、浸透性潤滑剤や冷却スプレーによるボルトの収縮、ボルト頭をたたく方法などがあります。ここでは、貫通型ドライバによる対処法について説明します。

写真3・6　末端部より少し下部の部分を保持

末端部に近いと、手をたたいてしまうおそれがあります。

写真3・7　互いの軸心を外さない

ねじを壊したり、手を叩く危険もあります。徐々に力加減を調整しながら、マトを外さないようにハンマを垂直に振り下ろします。

② ねじ締め・緩め：スパナ・モンキ類

1 スパナ・モンキ類の種類と形状

レンチは、ボルトやナットなどを回転させて、締め付けて固定したり緩めて外す作業（締緩作業）をするための工具の総称です。ねじる、ひねるといった意味があります。英語ではスパナといいますが、日本では先端が開放されたものをスパナ、それ以外をレンチと呼んで区別しています。

ボルトはサイズによって適正な締付けトルクがあります。そこでレンチも、サイズによって適正な長さになるように調整されています。

ボルトは六角ボルトと六角穴付きボルトの2種類、レンチも基本的には差込み型とはめ込み形（オス・メス）の2種類です（**写真3・8、9**）。しかしボルトの大きさはさまざまで、それに合わせて工具も揃える必要があります。レンチには、固定式、調節式、交換式の区別があります。また、固定式には片口（レンチの片側のみで使用）と両口（レンチの両側で使用可）があります。

このように、形状の種類（差込み、はめ込み、固定、調節…）などの組合わせによって、実に多くの種類のレンチがあります。あれもこれもと揃えてしまうと工具のムリやムダが出てしまいます。こうしたムリやムダをなくすのが工具の揃え方の基本です。そしてこうした困りごとは、新しい工具が生まれるきっかけにもなっています。

レンチの種類を**表3・1**に示します。

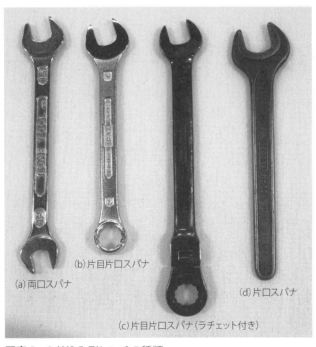

(a) 両口スパナ
(b) 片目片口スパナ
(c) 片目片口スパナ（ラチェット付き）
(d) 片口スパナ
(e) モンキレンチ

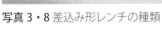

写真3・8 差込み形レンチの種類

(f) 両口めがねレンチ

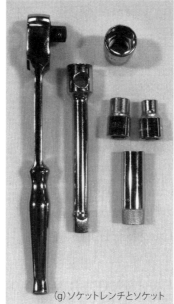
(g) ソケットレンチとソケット

ボールポイントタイプ

スタンダードタイプ

(h) 六角棒レンチ

写真3・9 はめ込み形レンチの種類

レンチの基本形	型式		代表的なレンチ	長所	短所	写真
差込み形	固定式	片口	片口スパナ	汎用	数が増える	写真3・8 (d)
	固定式	両口	両口スパナ	数が半減	トルク減	写真3・8 (a)
	調節式	片口	モンキレンチ	多用	厚み大	写真3・8 (e)
はめ込み形（メス）	固定式	片口	片口めがねレンチ	汎用	数が増える	
	固定式	両口	両口めがねレンチ	数が半減	トルク減	写真3・9 (f)
	交換式	片口	ソケットレンチ	1本多用	取替えが複雑	写真3・9 (g)
差しはめ混合形	固定式	両口	片目片口スパナ	作業が確実	数が増える	写真3・8 (b)
はめ込み形（オス）	固定式	両口	六角棒レンチ	専用作業	数が増える	写真3・9 (h)

表3・1 レンチの分類

　表3・1では、極端にいうとM10のボルトだけで複数の工具を持たなければならないことになります。工具それぞれの長所・短所と職場に必要な種類を見極めて、最低限の工具にすることが整理の第一歩です。

> JISによる名称
> 六角レンチはJIS B 4648では「六角棒スパナ」
> 片目片口スパナはJIS B 4651では「コンビネーションスパナ」
> 両口めがねレンチはJIS B 4632では「めがねレンチ」
> 片口めがねレンチはJIS規格にはありません。

2 通常のねじ締めや緩め（スパナの使い方）

写真 3・10
スパナは必ず水平に

斜めに回してしまうと、スパナが抜けやすくなり、ボルト頭を破損する危険性があります。

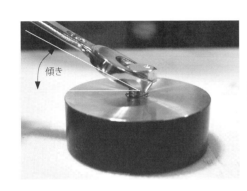

写真 3・11
スパナはボルトの大きさに合わせて使用

大きさが合っていないと、作業がしにくい上にボルト頭を破損させてしまいます。

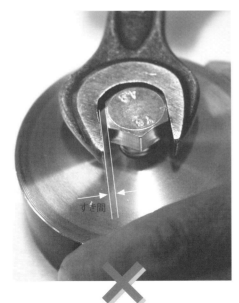

3 打込み・引抜き：ハンマとプーラ

1 ハンマの種類と形状

　ハンマはもっともなじみ深い工具の1つです。しかし、「使い方は簡単で、単に叩けばよい」と考えるのは危険です。ひと言にハンマといっても種類は以外に多く、使い方を誤ると、ケガや工具・工作物の破損につながります。また、常に点検やメンテナンスも必要な工具です。

　種類としては、打撃部分の材質や形状で分かれます。

●**打撃部分の材質**
　金属（**写真3・12**）、木（木槌）、プラスチック（**写真3・14**）、ゴム（**写真3・15**）など。

●**打撃部分の形状**
　金工や先切り（打撃部の左右が異なる形状：**写真3・12、13**）、両口（打撃部の左右が同じ形状：**写真3・14、15**）

　一般に工場で使うのは金工ハンマ（片手ハンマ・ボールピンハンマ）です。形状は片側が平ら（平頭）で、反対側が球状になっています。

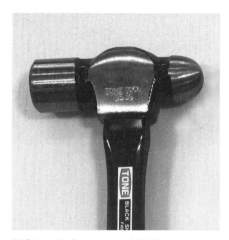
写真3・12 金工ハンマ（金槌）

写真3・13 先切りハンマ

写真3・14 両口ハンマ（プラスチックハンマ）

写真3・15 両口ハンマ（ゴムハンマ）

2 ハンマの使い方とメンテナンス

写真3・16
クギの打込みでは、クギを
真っ直ぐに立てることがコツ

クギを真っ直ぐに立てた上でハンマの中心で打ち込むことが大切です。

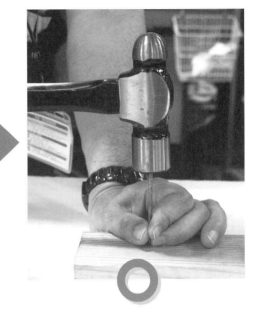

ハンマでクギを打つ力を考えてみましょう。ハンマの持っている運動エネルギーが、すべてクギを打ち込む仕事に置き換えられたと考えると、以下のとおりです。

クギにかかった力 F × クギの移動距離 L ＝ ハンマの運動エネルギー E

ここでは、金槌の反跳がない場合を仮定します。反跳があると、金槌の運動エネルギーすべてがクギの移動には使われないので、クギの移動距離は短くなります。ただし、クギにかかる力は大きくなります。

また、ハンマの運動エネルギー $E = \frac{1}{2} \times$ ハンマの重量 $m \times$ (振り下ろし速度 $v)^2$ です。ハンマの重量 m はおよそ400g（0.4kg）前後です。このハンマを速度 $v = 5$m／秒で振り下ろしてクギを1cm（0.01m）打ち込むことにします。このときのハンマの運動エネルギー E〔N・m〕は、

$E = \frac{1}{2} \times 0.4$〔kg〕$\times (5$〔m／秒〕$)^2 = 5$〔N・m〕となります。

一方、クギにかかった力 F は最初の式から

$F = E \div L$ より

$F = 5$〔N・m〕$\div 0.01$〔m〕$= 500$〔N〕となります。

つまり50kgの力がかかります。もしこれが指に当たってしまうと、指に体重50kgの人が乗ったのと同じことになります。

写真 3・17
頭部と柄はくさびでしっかりと固定する

打撃時に頭部が飛び出して事故につながることが多発しています。

すき間あり　　くさび打ち込み

写真 3・18
プラスチックハンマは面で打つ

角で打ってしまうと、ハンマ自体の破損（ひび割れ）のもとになります。

3 プーラの使い方

　プーラ（引抜き専用工具）とは、各種機械の軸にはめ込まれた部品（プーリ、歯車、ベアリングなど）を引き抜く役割を持っています。汎用プーラは、**写真3・19**のように引っ掛けヅメが2本あり、これを**写真3・20**のように引き抜きたい歯車などに引っ掛けて、中心のねじを回すことでツメを掛けた歯車をじわじわ引き出すという仕組みです。

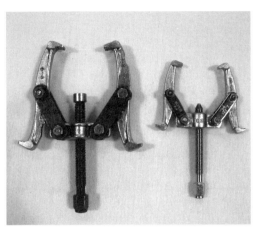

写真3・19 プーラ

写真3・20 プーラの使い方

写真3・21 小さなプーラで大きなモノをつかむとツメが外れて危険

プーラを選ぶ目安は、ツメ（脚）が平行になる程度の大きさにすることです。

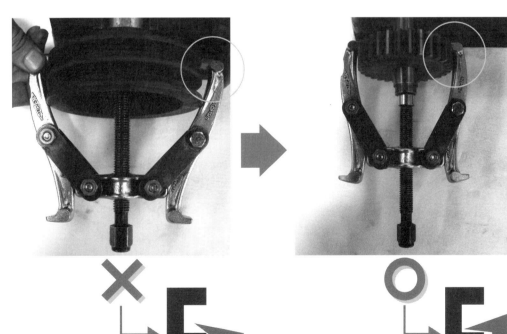

引っ掛かりが甘く外れる　　　引っ掛かりが確実

4 切断・刻印：のことポンチ

1 のこの種類と形状

のことポンチは、つい素人考えで作業してしまってトラブルを招くという典型的な工具です。

写真3・22のようにのこの種類は多いのですが、通常のこといえば木工用で、金属用ののこは金のこ（かなのこ）と呼ばれます。また、プラスチック用ののこもあります。

種類としては、両側面に刃のある両刃のこ（写真3・23）と片側だけに刃がある片刃のこ、引きのこと押しのこという区別もあります。両刃のこの場合、写真3・23のように両側の刃はそれぞれ「縦挽き刃」「横挽き刃」の場合がほとんどで、使い道と形状が異なります。

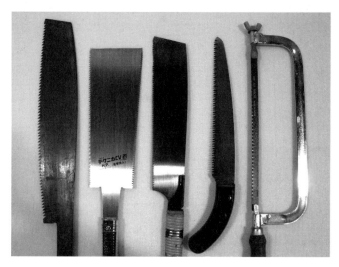

写真3・22 のこの種類

写真3・23 両刃のこの刃（左 横引き刃と右 縦引き刃）

縦挽き刃とは、木目の方向に沿って切るための刃で、抵抗が少ないために刃が大きくなっています。一方、横挽き刃は木目と直角に切るための刃であり、繊維を断ち切る必要から刃は細かく、傾斜切れ刃がついています。片刃のこは一般的に「横挽き」です。

2 木工用のこを使うときのポイント

のこは押す、あるいは引くことで材料を切断します。日本では、多くの場合**写真3・24**のように引く方向に刃がついています。

写真3・24
のこ引きでもっとも大切なのは引く方向

必ず刃の向きを見て、引く方向を間違えないようにしてください。

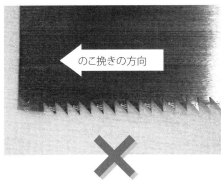

写真3・25
のこ身と柄が確実に固定されているかを確認

しっかり固定されていないと、のこが折れたりしてケガをしてしまいます。

3 金のこ（弓のこ）を使うときのポイント

　工場では、金属材料を切断するために、金のこを使う機会が多くなります。その代表が弓のこです（**写真3・26**）。弓のこの刃（ハクソー）は、押したときに切断する向きに取り付けられています（**写真3・28**）。この刃は、**写真3・27**のように木工用両刃のこの横引き刃より小さく、刃と刃の間隔も狭くなっています。

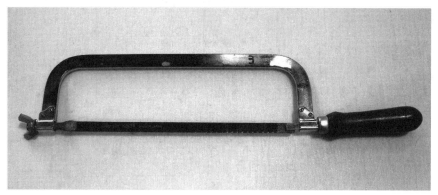

写真3・26 弓のこの外観

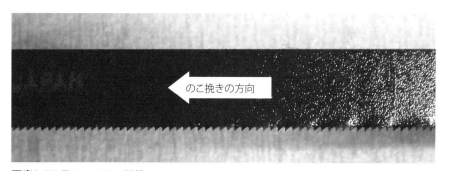

写真3・27 弓のこの刃の形状

| 写真3・28
「引いて切る」のではなく
「押して切る」 | のこ挽きの方向を間違えて引きながら力を加えると、刃が引っかかってしまいます。 |

写真 3・29　のこ刃の当て方

加工物に対してのこ刃を斜めに向くと、刃が詰まりやすくなって、加工面が汚くなったり、のこが折損してしまいます。必ず加工物に対して垂直に保つようにして使用します。

写真 3・30　両手で柄を持って体重をのこに預けない

体重をのこに預けると刃に必要以上の力がかかり、引っ掛かったり、刃が折れたりします。

4 ポンチの種類と形状

　ポンチは、ドリルで穴をあける場合に穴の中心を決めて、ドリルの先端が逃げないようにマーキングするための工具です（**写真3・31**）。ポンチの先端は鉛筆の芯の先のように円錐形になっており、硬度の高い材質が用いられています。先端形状は**写真3・32**のように種々ありますが、JISには規定がありません。

　ポンチは簡単な形状の工具ですが、きちんとマーキングできるようになるには慣れが必要です。そこで有明工業高等専門学校では、実習生に対して**図3・1**のフローで指導しています。

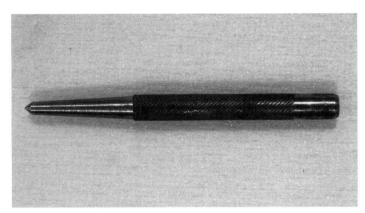

写真3・31 ポンチの外観

写真3・32 ポンチの先端形状

図3・1 ポンチを打つフロー

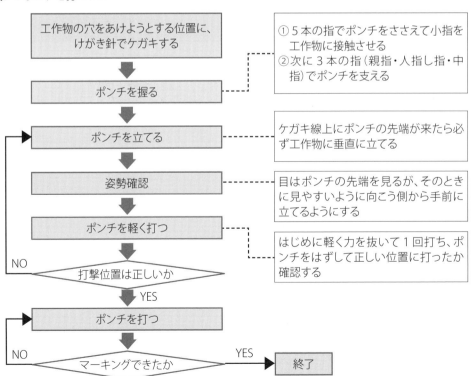

写真 3・33
ポンチが真っ直ぐに立っていることを周囲から見て確認

斜めになっていると、打ったときにポンチがすべって、穴が変形してケガをしてしまいます。

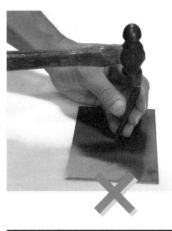

写真 3・34
ポンチは指で安定させる

3本の指（親指、人さし指、中指）でポンチを支えると安定します。

写真 3・35
まず、軽く1回打つ

軽く打って中心からずれていないか位置を確認します。

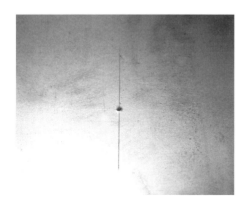

5 はさむ：万力

1 万力の種類と形状

万力は、その名のとおり力を加えて工作物をしっかりとはさみ込む工具です。手仕上げ用万力と工作機械用万力（**写真3・38**）に大別され、前者には横万力（**写真3・36**、**写真3・37**）やシャコ万力（**写真3・39**）、後者にはフライ加工用、ボール盤加工用万力があります。横万力はバイス、工作機械用万力はマシンバイスとも呼ばれます。

一般的に工場で万力（バイス）といえば、横万力をさします。作業台にボルトで取り付けて使用するタイプで、呼び寸法は口金の長手方向寸法からとり、75、100、125、150の4サイズがあります。また、可動する口金側の胴部が四角形になっているものをJIS B 4620「角胴形」、円筒状になっているものを JIS B 4621「丸胴形」と呼びます。

通常は加工物を傷つけないように銅板かアルミニウム板をL型に曲げたものを口金に当ててはさみます。

シャコ万力は、通称シャコマンとも呼ばれています。シャコ万力は強度を必要とするので、本体が鍛造品で締付けねじは角ねじでできています。締付けねじの先端部は自在首になっていて、少々斜めになっていてもはさめるようになっているのが特徴です。

写真3・36 横万力（ねじ取付け形）

写真3・37 横万力（はさみ取付け形）

写真3・38 工作機械用万力

写真3・39 シャコ万力

2 万力のはさみ方

写真3・40 不安定な固定は事故やケガのもと

機械の力でもビクともしないように、しっかりと固定します。

傾けてつかむ ✕

治具で固定 ○

ブロック挿入なし / 工作物が不安定 ✕

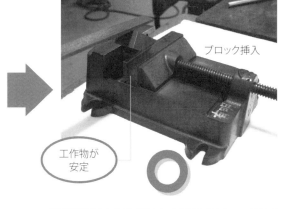

ブロック挿入 / 工作物が安定 ○

写真3・41 固定場所は安定したところを選ぶ

枠（アングルなど）の縁などを固定する場合は、添え木を介して確実に行います。

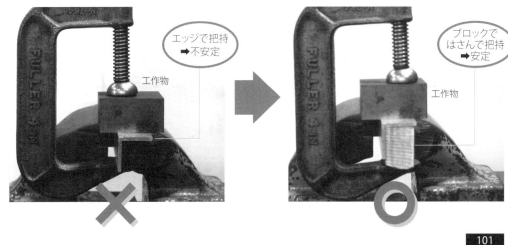

エッジで把持 ➡ 不安定 / 工作物 ✕

ブロックではさんで把持 ➡ 安定 / 工作物 ○

2 これが失敗の元!
工具使いの常識とウソ①

① ペンチ、ニッパ、ラジオペンチの転用

ペンチ、ニッパ、ラジオペンチなどを、本来の活用法以外で転用していませんか。

写真3・42
ペンチをスパナの代わりに
[ペンチでねじを抜く]

ねじやねじ山が破損してしまいます。ペンチは本来、刃ではさんで切る、先でくわえて引っ張る、ねじる、曲げるための太線材切断加工工具です。

写真3・43
ニッパをバールの代わりに
[ニッパでクギを抜く]

刃が破損してしまいます。ニッパは本来、刃ではさんで切るための中線材の切断工具です。

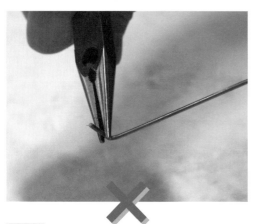

写真3・44
ラジオペンチをペンチの代わりに
[ラジオペンチで繰返し曲げ切断]

先端部が変形してしまいます。ラジオペンチは本来、刃ではさんで切ったり、先でくわえて細かな曲げ細工をするための細線材切断加工工具です。

② ニッパの種類と使い分け

ニッパにはうす刃と強力ニッパがあり、JIS B 4625：1995（斜めニッパ）では、それぞれ品質によって普通級と強力級に分けられています。普通級はN、強力級はHという記号で表示されており、呼び寸法は125mm、150mm、175mmがあり、JIS以外では200mmといった長いものもあります。

1 スタンダードニッパ

銅線、鉄線の切断専用の工具です（**写真3・45**）。ペンチとは異なり、斜めになった鋭利な刃が付いています。

銅線はϕ 2.0～2.6mm、鉄線はϕ 1.2～1.6mmまで切断できます。また、強力形（強力ニッパ）の場合は、銅線はϕ 3.0～3.5mm、鉄線はϕ 2.0～3.0mmまで切断可能です。切断の際はこじらないように気をつけてください。

また、ニッパは切断専用の工具ですから、それ以外の用途では使用しないようにしましょう。

2 斜めニッパ

切断専用の工具で（**写真3・46**）、刃がフラットではなく角度をつけてあり、また厚みを持たせた構造なので強靭です。切断能力はほぼスタンダードニッパと同様ですが、平面に沿って刃を向けることができるため、使い勝手がよいという特徴があります。

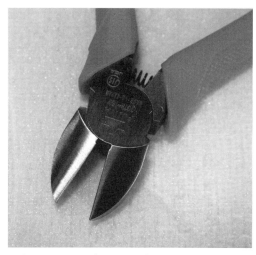

写真3・45 スタンダードニッパ

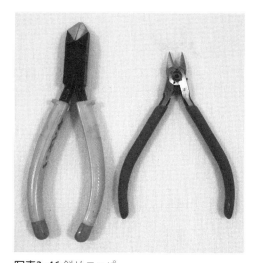

写真3・46 斜めニッパ

3 皮むきニッパ

皮むきニッパは、斜ニッパの刃に大きさが違う丸い穴がいくつかあいています（**写真3・47**）。電線の被覆をペンチやナイフを使わずにむくことができますが、斜めニッパと同様の切断能力もあり、通常のニッパと同様の使い方もできる便利なニッパです。

電線の被覆をむくときは、電線を刃の丸い穴にはさみ込んで力を入れるだけで、中の銅線を傷つけずに周囲の被覆だけを切り取ることができます。また、そのまま外側に引っ張ると、ビニル線やゴム線の被覆を取ることができます。

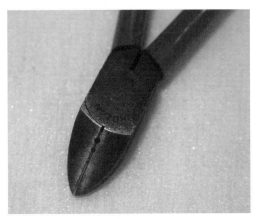

写真3・47 皮むきニッパ

4 ニッパの刃部の構造

精密型や多くのニッパは**図3・2（a）**のような形になっています。この形状だと切断面が潰れにくく、銅線も「スパッ」と切ることが可能です。しかし、強度は下の2つに比べると劣るので、太い硬い線を切るには適していません。強力型なニッパは**図3・2（b）（c）**のような形をしています。刃が丈夫なので硬いもの、厚いものも切ることが可能です。精密型の「スパッ」に対して、こちらは「ブチッ」といった感じでカットするので、切断面はあまりキレイではありません。

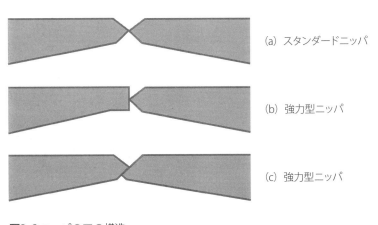

図3・2 ニッパの刃の構造

5 ニッパ使用上の注意

　もっとも注意したいのは刃こぼれです。太い銅線やピアノ線を切ると刃が傷みます。細い針金でも、刃を倒してこじるのは刃こぼれのもとです。切断できない場合は、針金または道具を回して、円周上を何回かに分けて切ります。よくあるのは、ニッパでクギをくわえてテコ式に抜くことです。これではすぐに刃が欠けてしまい、本当にクギを抜くだけの道具になってしまいます。

　ニッパの使い方を図3・3に示します。

図3・3 ニッパの使い方

③ 万能の落とし穴（モンキレンチとパイプレンチ）

　モンキレンチとパイプレンチは、つまみによって先端の開きを変えることができるので、1本の工具で直径の異なる多くのボルト・パイプを回すことができるという特徴があります。そのために万能意識が定着してしまい、意外に効率の悪い使い方をしていることも多いものです。その典型例を示しましょう。

| 写真3・48　ダブルナットの締付けで2本のモンキレンチを使いがち | モンキレンチの厚みがジャマをして、確実な締付けが難しくなります。ダブルナットにはスパナを使用して確実に締め付けます。 |

| 写真3・49　パイプレンチの盲点 | パイプレンチは何でもつかめると思われがちですが、写真のように配管バルブ付近のパイプをつかんで回すと滑る可能性があります。そこで、バルブの六角面をつかむなど「滑り止め」が必要です。 |

4 圧着工具と電動工具は慣れが必要

1 圧着工具

　圧着工具（写真3・50）とは、電線（ケーブル）と圧着端子を圧縮接合するための専用工具のことです。JIS C 9711に屋内配線用電線接続工具と規定されています。

　圧着工具には裸圧着端子用（写真3・50）と被覆圧着端子用（写真3・51）があり、圧着機能の他に電線の切断（カッタ機能）・電線被覆の皮をむくワイヤストリッパ、長すぎるボルト（ビス）を切断できるボルトカッタ機能が付いており、JISの規定はありません。

　圧着工具は、電気工作や自動車などの配線に使用されます。圧着工具1本でコードに端子の取付け作業ができる便利な多能工具です。

　使い方の手順は以下のとおりです。

- ワイヤストリッパ機能部のサイズに合った部分で被覆をむく
- むいたコードの芯線を、サイズに合ったクリンパ部で、奥の2本のツメに被覆が端子の端についている2本のツメに架かるようにセットする
- 最初に芯線部を圧着、その後被覆部分のツメ幅に合ったクリンパ部で被覆をツメで保持させる

　また、ボルトカッタ機能とは、ねじ山を潰すことなく長すぎる小ねじを使用する長さに切断することです。写真3・52（a）～（d）のようにねじサイズの合った穴に回し入れ（ねじ込み）、切りたい位置を圧着ペンチの中央に合わせて切断します。その後ドライバで工具からはずせば、ねじ山を修正することなく、そのままの状態で小ねじが使用できます。

　圧着工具の短所は、工具の支点と切断・皮むき機能部とハンドル操作部の位置からそれぞれの専用工具に比べてレバー比が劣ることです。

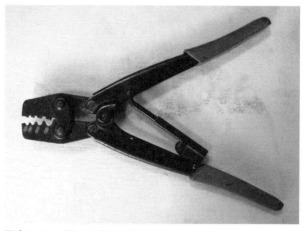

写真3・50 圧着工具（裸圧着端子用）

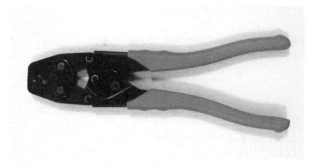

写真3・51 圧着工具（被覆圧着端子用）

2 圧着工具の使い方と注意点

写真3・52（e）～（h）は圧着工具（裸圧着端子用）でかしめる手順です。写真3・53に使用上の注意点を示します。

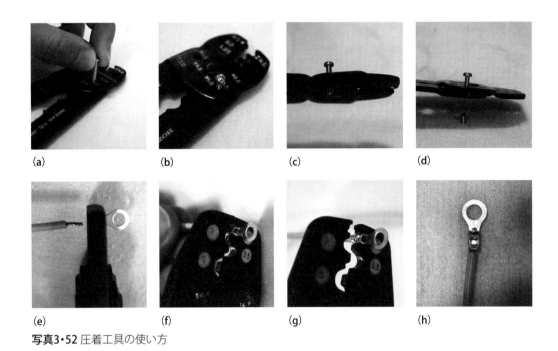

写真3・52 圧着工具の使い方

写真3・53
裸圧着端子用と
被覆圧着端子用を間違えない

裸圧着端子用で被覆圧着端子をはさみ込んでしまうと十分なカシメ力が得られず、ショートや導通不良、端子が外れる事故を引き起こしてしまう可能性があります。ショートすると火災につながります。工具の扱いは慎重に行いましょう。

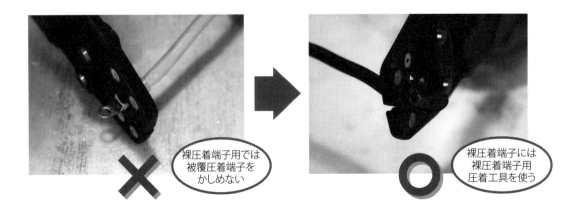

裸圧着端子用では被覆圧着端子をかしめない

裸圧着端子には裸圧着端子用圧着工具を使う

3 電動工具

代表的な電動工具としてドリルドライバ（**写真3・54**）があります。これは、穴あけ、ねじ締め（緩め）が効率よくできる電動工具です。

ドリルドライバは、回転のみの作業で使用します。インパクトドライバとは異なり打撃が加わらないので、デリケートな場所の穴あけ、ねじ締めに向いています。

その特徴は、ねじ締めトルクの自由な設定が可能だということです。ねじ締めの際は設定したトルク値に達した時点で、クラッチがかかって空回りするようになっており、ねじの締めつけ過ぎや材料の割れを防ぐことができます。また、トルク値を設定すると同じ力でねじ締めができるので、同じ材料に同じねじを打ち込む場合などで、一定の深さでねじ締めをすることが可能です。

一方、手で回すドライバと同じような注意点も必要です。つまり電動工具であってもねじ頭に対して真っ直ぐにドライバを保持するようにします。

電動工具の主な種類と特徴は**表3・2**のとおりです。

(電気)ドリル	金属、プラスチック、木材、その他さまざまな材料に穴をあけるようにとくに設計された電動工具（JIS C 9457-2-1）
振動ドリル	コンクリート、石材、その他のこれに類する材料に穴をあけるようにとくに設計されたドリル（JIS C 9457-2-1）
電気スクリュードライバ	打撃機構を備えていない、ねじ、ナット、その他類似のものを締め付けたり、緩めたりする電動工具（JIS C 9457-2-2）
(電気)インパクトレンチ	打撃機構を備えた、ねじ、ナット、その他類似のものを締め付けたり、緩めたりする電動工具（JIS C 9457-2-2）
ドライバドリル	写真3：54のチャックに装填するビット（ドリルやドライバ、ソケット）を交換することで穴あけとねじの締付けの両方ができる電気ドリル

上表の（ ）はJIS規格にはないが、手動工具と紛らわしい名称のためにつけたものである

表3・2 電動工具の種類と特徴

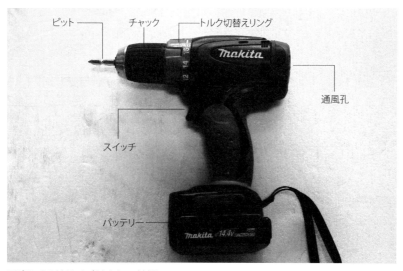

写真3・54 ドライバドリルの外観

写真 3・55
ドライバドリルは両手で支える

片手で持つと、ねじ締めの反力やドライバの回転トルクによって持ち手が安定せず、失敗やケガの原因となります。片手は反力、片手は回転力に耐えるようにしっかりと両手で支えるようにしましょう。

片手持ちは不安定

通気孔をふさがない

両手でしっかりと支える

写真 3・56
立ち向き作業での注意点

ドライバドリルによる立ち向き作業では、主軸部を両手で支え、かつ振れを抑えようと腹で押しがちです。しかし、この支え方では両手であっても不安定で、危険です。立ち向き作業であっても、**写真 3・55** と同様の持ち方で支えるようにしましょう。

腹で通気孔がふさがれている

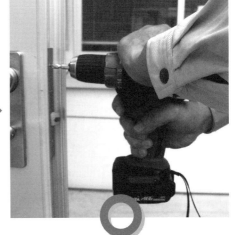

3 この使い方が危ない!
工具使いの常識とウソ②

1 ダブル工具

1 工具 + パイプ

写真3・57
モンキレンチの柄にパイプを差し込む

モンキレンチの柄にパイプなど差し込んで、腕を長くして締め付けると、モンキレンチが破損するばかりでなく、ボルトにも規定以上の力がかかることになり、折損の危険があります。

2 工具 + 工具

写真3・58
パイプレンチとハンマの使用

パイプレンチで配管用のねじを緩める場合に、大きな力を得るためにハンマなどで叩くことがあります。工具やねじ部が破損するだけでなく、工具を滑らせてケガをすることにもつながります。

2 工具の転用

写真3・59
キーを抜く場合

キーなどを抜くときにまったく使用目的の違うドライバなどを使用すると、ドライバがすべって手や腕にケガをしたり、キーやドライバが破損してしまいます。そこで、抜きタップ付キーを使用するか、キーの上端部にタガネを当ててハンマで軽く外側に叩くようにします。

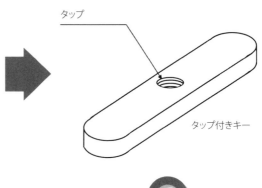

写真3・60
ハンマの代用

ハンマの代用として、モンキレンチやパイプレンチ、スパナなどを使用しがちです。このような使い方では工具そのものが破損して、本来の使い方ができなくなります。また、滑ってしまい、作業者がケガをするなどの原因にもなります。

③ いい加減なセッティング

安全第一!!

写真3・61
小径ボルト用レンチの持ち方

小径ボルト用レンチでは、工具の端をしっかりと手で握ってしまうと、適切な力がかけられず（力が逃げたり、手が痛くて力をかけられない）、ねじをなめたり、工具が外れて大ケガのもとになります。

写真 3・62
ニッパ使用上の注意点

ニッパで銅線を切断する場合、切断した線が飛び散って目に入るという危険性があります。意外な盲点ですが、労災が多発しています。保護めがねを着用したり、先端をペンチ等で把持して切るようにしてください。

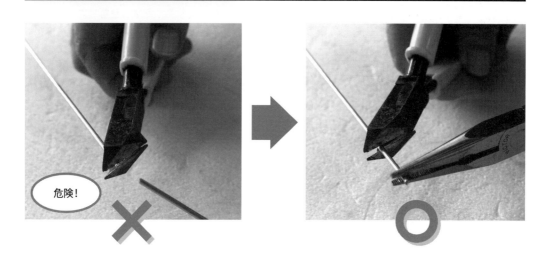

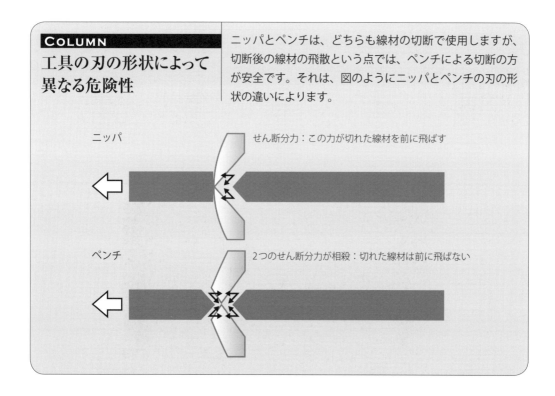

COLUMN
工具の刃の形状によって異なる危険性

ニッパとペンチは、どちらも線材の切断で使用しますが、切断後の線材の飛散という点では、ペンチによる切断の方が安全です。それは、図のようにニッパとペンチの刃の形状の違いによります。

ニッパ　　せん断分力：この力が切れた線材を前に飛ばす

ペンチ　　2つのせん断分力が相殺：切れた線材は前に飛ばない

4 電動工具使用時の安全

写真3・63
よくある事例

ボール盤作業時に手袋を着用してはいけません。また、夏季には無帽・めがねなしで作業しがちです。労働安全衛生規則第111条に「事業者は、ボール盤、面取り盤等の回転する刃物に作業中の労働者の手が巻き込まれるおそれのあるときは、当該労働者に手袋を使用させてはならない」と規定されています。また、安全帽（同110条）・保護めがね（同593条）の着用も義務付けられています。

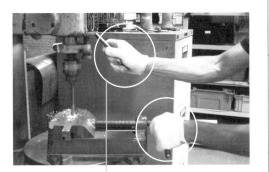

MEMO

執筆者一覧

堀田源治 (ほった・げんじ)
有明工業高等専門学校　創造工学科　教授
専門分野：機械設計
担当授業等：機械要素設計、機械基礎設計

明石剛二 (あかし・こうじ)
有明工業高等専門学校　創造工学科　教授
教育研究技術支援センター長
専門分野：機械加工
担当授業等：精密加工学、自動生産システム

松川真也 (まつかわ・しんや)
有明工業高等専門学校
教育研究技術支援センター　技術専門職員
専門分野：機械加工
担当授業：機械実習(旋盤)、学生実験(流体力学)

石橋大作 (いしばし・だいさく)
有明工業高等専門学校
教育研究技術支援センター　技術専門職員
専門分野：機械加工
担当授業：機械実習(手仕上)、学生実験(材料力学)

真島吉將 (ましま・よしまさ)
有明工業高等専門学校
教育研究技術支援センター　技術専門職員
専門分野：機械加工
担当授業：機械実習(フライス盤)、学生実験(機械力学)

古賀つかさ (こが・つかさ)
有明工業高等専門学校
教育研究技術支援センター　技術職員
専門分野：機械加工
担当授業：機械実習(溶接)、学生実験(熱力学)

中島正寛 (なかしま・まさひろ)
有明工業高等専門学校
教育研究技術支援センター　技術職員
専門分野：機械加工
担当授業：機械実習(NC工作機械)、学生実験(流体力学)

河村英司 (かわむら・えいじ)
有明工業高等専門学校
教育研究技術支援センター　技術職員
専門分野：機械加工
担当授業：機械実習(溶接)、学生実験(熱力学)